ATMOSPHERIC SCIENCE

大气科学和全球气候变化研究

重大科学问题

黄荣辉 吴国雄 陈 文 刘屹岷 周连童 周德刚 刘 永 / 等著

科 学 出 版 社
北 京

图书在版编目(CIP)数据

大气科学和全球气候变化研究重大科学问题 / 黄荣辉等著 .—北京：科学出版社，2016.7

ISBN 978-7-03-048463-5

Ⅰ.①大… Ⅱ.①黄… Ⅲ.①大气科学 – 研究 ②气候变化 – 研究 Ⅳ.① P4 ② P467

中国版本图书馆 CIP 数据核字（2016）第 119647 号

责任编辑：石 卉 / 责任校对：郑金红

责任印制：徐晓晨 / 封面设计：有道文化

编辑部电话：010-64035853

E-mail:houjunlin@mail.sciencep.com

科学出版社 出版

北京东黄城根北街 16 号

邮政编码：100717

http://www.sciencep.com

北京建宏印刷有限公司 印刷

科学出版社发行 各地新华书店经销

*

2016 年 7 月第 一 版 开本：720 × 1000 1/16

2021 年 1 月第四次印刷 印张：13

字数：262 000

定价：98.00 元

（如有印装质量问题，我社负责调换）

编 写 组[①]

组 长

黄荣辉 吴国雄

副组长

陈 文 刘屹岷 周连童 周德刚 刘 永

成 员

（以姓氏笔画为序）

王 林 王会军 卞建春 朱 江 李建平
杨修群 肖子牛 张人禾 陆日宇 林朝辉
郄秀书 周天军 胡 非 胡永云 段安民
徐永福 高守亭 温之平 管兆勇

① 陈洪滨、夏祥鳌、蔡兆南、潘蔚林参加了第十章的编写。

前　言

20世纪，大气科学取得了迅速的发展，已成为一门包括大气动力学、大气物理学和大气化学等的综合性科学。特别是20世纪80年代以来，全球气候变化成为世界各国政府和民众所关心的重大社会和科学问题，亦是各国外交谈判的焦点。同时，旱涝、酷暑和严寒等气候灾害与台风、暴雨等天气灾害的发生日益频繁，大气污染日益加重，这些都严重影响着世界各国社会和经济的可持续发展，并对大气科学和全球气候变化等方面的研究提出了许多新的重大科学问题。

为回顾近百年来大气科学的发展历程及中国科学家对国际大气科学和全球气候变化研究发展做出的贡献，分析当前国际大气科学和全球气候变化研究的发展特点、动向和趋势，提炼出大气科学和全球气候变化研究的重大前沿科学问题及符合我国发展需求的重大战略研究方向及相应的措施，经中国科学院地学部常务委员会批准，“大气科学与全球气候变化重大科学问题”成为中国科学院地学部大气科学的学科发展战略研究项目。此项目自2011年4月18日启动以来，特别从2013年3月20日又作为国家自然科学基金委员会与中国科学院学部关于学科发展战略合作研究项目启动以来，来自中国科学院大气物理研究所、中国气象局及相关大学的两院院士（中国科学院和中国工程院）、著名学者、学科带头人和部分业务骨干，在项目负责人黄荣辉和吴国雄院士的领导下，经过四年多的辛勤调研，系统地回顾了近百年来国内外大气科学和全球气候变化各个分支领域研究的发展历程及当前的研究现状；分析了大气科学和全球气候变化研究各个分支领域的发展动向、特征及未来发展趋势，提出了今后5~10年是我国大气科学和全球气候变化研究发展的战略机遇期。并且，项目组讨论了今后5~10年我国大气科学和全球气候变化研究需要重点发展的研究领域及关键的科学问题，在此基础上，凝练出大气科学和全球气候变化研究的重大科学问题；并针对当前亟须发展的计算和观测平台及人才培养等方面应采取的重大措施提出建议，为我国从大气科学研究大国走向大气科学研究强国奠定基础。

经过多次研讨，专家学者们提出了大气科学和全球气候变化研究各领域的重大前沿科学问题及我国从大气科学研究大国发展成为大气科学研究强国应采取的重大措施和建议。这些对于国家科技管理和科学基金部门今后制订大气科学和全球气候变化研究的发展规划和计划，以及重大研究项目和课题将可能起到很好的参考和借鉴作用。为此，国家自然科学基金委员会与中国科学院学部学科发展合作研究项目“大气科学与全球气候变化重大科学问题”工作组和秘书组把上述多次研讨会上许多学者和专家所提出的关于大气科学和全球气候变化研究各领域重大科学问题的研讨结果凝练成本书，以供有关部门和学者参考。

本书分为两大部分。第一部分主要回顾并总结国际、国内近百年来大气科学和近几十年全球气候变化的研究进展，近年来国际大气科学和全球气候变化研究的特点、动向及趋势，我国大气科学和全球气候变化研究方面的不足之处，以及未来10~20年经济建设和社会发展对大气科学和全球气候变化研究的国家需求。第二部分是依据国际大气科学和全球气候变化研究的发展动向和针对今后我国国家需求而提出的八个亟须研究的重大科学问题：灾害性天气和气候的发生机理及其预测，大气环境灾害的发生机理与预报理论，东亚气候对全球气候变化的影响、响应、机理和应对，地球/气候系统数值模型的发展，平流层过程与日地关系，青藏高原地-气耦合过程及其气候效应，西太平洋暖池海-气相互作用及其天气气候效应，大气探测新原理和前沿技术。

本项目的研究和本书的出版得到中国科学院地学部学科发展战略研究项目及国家自然科学基金委员会与中国科学院学部学科发展战略合作研究项目的资助。本书的完成凝聚了在多次研讨会上众多专家学者的贡献，这些学者包括曾庆存、丑纪范、李崇银、符淙斌、吕达仁、穆穆、丁一汇、石广玉、王会军等院士，王守荣、高守亭、张人禾、胡永云、杨修群、管照勇、温之平、陈文、刘屹岷、李建平、戴永久、朱江、陆日宇、周天军、胡非、卞建春、徐永福、郄秀书、林朝辉、肖子牛、浦一芬、段安民等教授或研究员和王林副研究员，以及中国气象局罗云峰司长、中国科学院任晓波处长、国家自然科学基金委员会张朝林处长。其中有多位学者撰写了本书的有关章节，项目负责人黄荣辉、吴国雄两位院士对本书的章节安排和编写内容做了详细修改。并且，项目秘书组周连童研究员、周德刚和王林副研究员为研讨会的召开及有关材料的整理花费了大量精力，特别是周德刚副研究员、刘永和皇甫静亮助理研究员为本书的文字、插图和参考文献做了大量工作。此外，中国科学院地学部办公室申倚敏主任和龚剑明博士从本项目立项到项目实施和各次研讨会都给予了大力的支持和关照，科学出版社石卉编辑对于本书给予精心编辑。本书中经原作者同意后引用了不少有关领域的研究成果或示意图，对于上述的贡献和帮助谨此表示衷心感谢。

由于时间和编者学识有限，书中不妥之处在所难免，敬请读者指正。

项目负责人：黄荣辉　吴国雄

项目工作组、秘书组

2015年4月于北京

目　录

第一章

国际近百年大气科学和近几十年全球气候变化研究的重大研究成就

第一节 引　言

20世纪，由于大气观测技术的不断完善，特别是空基和地基遥感技术的发展和应用，以及计算机技术的迅速发展，大气科学得到非常迅速的发展，已成为一门拥有众多分支领域的综合性现代科学(黄荣辉，2001)。

回顾大气科学近百年来的发展历程，大气科学的发展可分为两个时期：第一时期主要是发展大气探测技术，建立大气观测网，对大气各种现象的运动状态、成分演变进行监测，并且运用数理科学对从对流层到平流层和中间层大气运动状态、成分演变的动力、热力过程及其机理进行解释，以及利用计算机和运用描述大气变化的运动方程组进行天气预报和大气环流演变的数值模拟；第二时期则是认识到大气两周以上的气候变化不仅仅是大气内部的动力、热力过程相互作用的结果，而且是大气圈、海洋、陆面、冰雪等相互作用的结果，此时期主要发展大气空基和地基遥感技术，研究气候系统动力学与气候预测、全球气候变化等方面。

本章主要回顾国际近百年大气科学和近几十年全球气候变化研究的重大研究成就。

第二节 全球多层次、多尺度三维大气观测网的建立

大气探测是大气科学的基础，只有充分的观测资料，大气科学的各分支领域才有可能得到发展。经过百年的努力，全球已建立了多层次、多尺度的可定时观测的三维大气观测网，它不仅包括常规观测网，而且还包括空基遥感和地基遥感等非常规观测网(国家自然科学基金委员会，1995；许健民，2000)。

一、多层次、多尺度的大气定时观测网的建立

20世纪初，大气探测一般只能在地面上对大气温度、湿度、气压进行观测。由于20世纪20年代(1928年)无线电探空的发明及三四十年代第二次世界大战对天气预报的需求，高空大气探测迅速在陆地上得到推广。到了50年代，全球陆地上初步形成了可定时对大气状态进行观测的高空和地面观测网。并且，60年代气象卫星的发射成功，使得对大气的空基遥感探测成为可能。由于大气的空基遥感具有许多优点，特别是可以探测到海洋、沙漠和高原区域上空难于用常规方法观测到的气象要素，在60年代之后，卫星遥感图像和数据被广泛应用于天气预报。从这些遥感资料中不仅可以得到全球云的分布状况，而且可以获得更高层次的气象要素，因此，气象卫星的遥感资料也被广泛用于短期气候预测。经过近一个世纪的努力，大气探测已形成了全球多层次、多尺度且可定时观测的三维探测网，不仅在全球建立了地面、高空气象要素的常规观测网，而且形成了以气象卫星为中心的全球非常规大气观测网。如图1-2-1所示，这个全球大气观测网不仅可以为研究大尺度大气环流的变化和中、小尺度天气系统的发生、发展以及气候变化提供丰富的观测事实，而且还可以为天气预报和气候预测提供大量的观测资料。

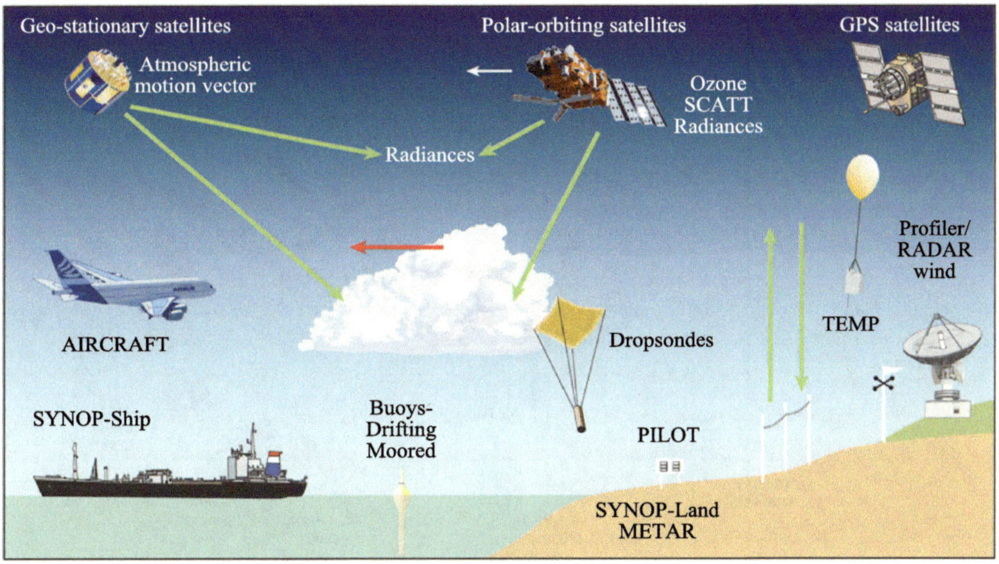

图1-2-1　欧洲中期数值预报中心（ECMWF）资料同化的观测（图引自http://www.ecmwf.int/en/research/data-assimilation/observations[2015-5-30]）

二、空基大气遥感观测体系的建立

从 20 世纪 70 年代末起，大气遥感技术不仅实现了空基定性遥感向定量遥感的转变，而且建立了高轨地球静止环境业务卫星（GOES）的观测系统和第三代低轨业务卫星系统。GOES 系统由四个地球静止卫星组成，它的观测区域覆盖了地球大部分地区。如图 1-2-2 所示，这两个业务气象卫星系统可以连续观测到不能应用常规观测地区的三维大气的气象要素，如海洋、沙漠、高原地区上空的气象要素，因此，得到不断发展和完善。特别在 20 世纪 90 年代之后它得到进一步发展，由被动空基遥感向自动空基遥感转移，使大气各层的温度、气压、湿度、低层风和可降水量的探测误差大大缩小，全球的风场和雨强的探测也成为可能。可以说，空基遥感技术的广泛应用使得全球天气和气候探测系统的建立成为可能（邱金桓，2000）。

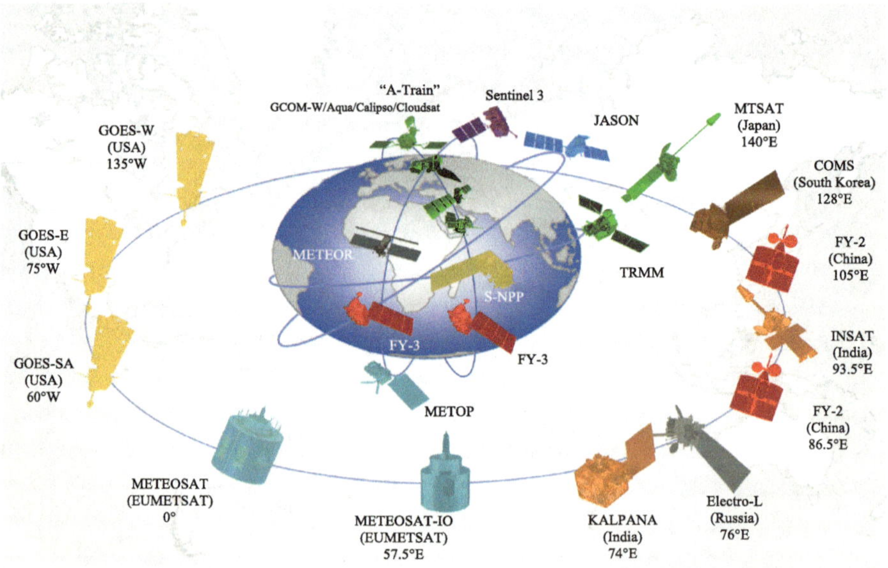

图1-2-2　全球空基大气遥感观测体系图（图引自http://www.wmo-sat.info/satellite-user-read-iness[2015-5-30]）

三、地基遥感技术的发展

在空基遥感技术应用的同时，地基遥感技术也大大发展。除天气雷达和多普勒天气雷达广泛地应用于中、小尺度系统的探测外，还出现了利用微波、红外和激光来探测大气的温度、湿度等要素。现在，使用激光探测器可测定大气的温度、水汽、气压、气溶胶浓度、风、湍流、云、降水、能见度和 O_3 等气象要素和物理量，这些都为天气气候和大气环境的研究提供了有用的观测资料。

四、大气辐射的测量成为地球系统观测的重要手段

20 世纪四五十年代，大气分子光谱的精细研究使得利用高空传感器对地球大气及下垫面各种辐射的遥感测量成为可能。1960 年美国成功发射了泰罗斯 1 号气象卫星，这为空基遥感大气各种要素的变化开辟了新途径。空基遥感技术的发展不仅使大气科学分支领域大大发展，而且也使得地球系统各圈层的探测成为可能。到了 20 世纪 90 年代，大气辐射的测量已成为对大气和地球系统空基遥感观测的重要手段，它不仅推动了大气科学的发展，而且使得地球科学其他有关学科取得明显的进展。

第三节 大气环流波动理论体系和天气预报理论的创立

大气环流与大尺度动力学是研究全球各种大气运动的形态、性质、演变及其机理的科学。大气环流与大尺度动力学研究的发展是20世纪大气科学理论研究发展的核心部分，它带动了大气科学其他分支领域的发展（黄荣辉，2001）。

一、挪威学派建立锋面学说

受V. Bjerknes思想的影响，J. Bjerknes在20世纪20年代总结了大量天气变化现象，提出了锋面和气旋的立体模型，并与他的合作者提出气旋是极锋上发展起来不稳定波动的理论（图1-3-1），创立了挪威的Bergen学派，简称挪威学派(Bjerknes，1919；Bjerknes and Solberg，1921，1922)。挪威学派用天气图分析来推测天气的演变被认为是具体地把V. Bjerknes所提出的当时无法得到解析解的地球流体动力学方程应用到大气中。迄今，锋面学说仍被广泛应用于天气分析和天气预报中，这是20世纪大气科学一个重要的理论成就。

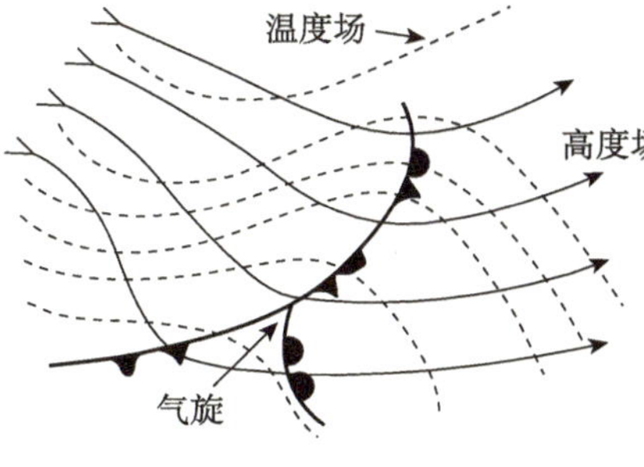

图1-3-1 大气长波与锋面气旋关系示意图（梁必骐，1995）

二、芝加哥学派关于大气长波理论的创立

20世纪，在大气环流与大尺度动力学研究发展史上最重要的研究应是三四十年代以Rossby为首的芝加哥学派所创立的大气长波理论。这个重要理论的创立不

仅具有观测事实的基础，而且也具有理论基础。

自1928年无线探空的发明以来，高空大气观测逐渐增多，高层气流的观测事实逐渐清楚。Rossby从理论和观测两方面发现了控制天气和大气环流变化的大气长波，即水平尺度为5000km以上的大气波动。并且，他从二维无辐散涡度方程出发求出了长波公式（Rossby，1939），得到了与实际吻合的长波移速和增长率。如图1-3-1所示，这种长波的演变与地面天气图所看到的锋面气旋的演变相对应，因此，它是控制天气变化的大气波动。在这之后，他的学生及合作者（Charney、Eady、郭晓岚和叶笃正等）相继提出了斜压不稳定理论和正压不稳定理论，以及大气长波的频散理论（Charney，1947；Eady；1949；Kuo，1949；Yeh，1949）。这些理论不仅对大气长波产生机制作了深入研究，而且很好地说明了大气环流的演变机理，从而形成了在大气科学理论中占有重要位置的芝加哥学派。这个学派的理论是20世纪大气科学最重要的理论研究成就，奠定了今日天气预报的理论基础。

芝加哥学派所创立的大气长波理论不仅奠定了大气环流的波动理论体系和天气预报的理论基础，而且也使得后来的数值天气预报和大气环流数值试验成为可能。这个理论使得人们对大气环流的看法发生了根本性的改变。以Rossby为首的芝加哥学派提出：大气环流是复杂的，是非对称的，它的变化是基本气流与扰动相互作用的结果，扰动通过角动量和热量输送滋养着基本气流，而基本气流又为扰动发展提供能量。这种看法不仅比20世纪以前所提出的轴对称大气环流的看法更符合实际，而且更辩证、更科学。并且，芝加哥学派在研究方法方面引入了小扰动理论，使得控制大气环流的非线性方程有办法得到求解，这为以后的大气动力学理论发展提供了一种有效的研究方法。

三、大气环流形成机理的研究

由于芝加哥学派提出大气环流的波动学说，大气环流形成机理得以深入研究。从20世纪50年代起，人们关于大气环流形成机理作了很多研究，特别是从大气运动的能量平衡来解释大气环流的演变。Lorenz提出有效位能的概念（Lorenz，1967），指出大气温度在空间分布的不均匀性是引起大气运动的根本原因，使得人们对大气环流演变的物理本质有了更深刻的认识。

与国际同时，50年代我国在大气环流变化方面作出了许多国际领先的研究。我国学者叶笃正等分析了大量东亚大气环流演变的事实，提出了东亚大气环流季节转换是突变的（Yeh et al.，1959），这个看法比80年代国际上许多学者提出大气环流的非线性突变要早20年之多。并且，Rossby在30年代就提出的大气运动的地转适应理论(Rossby，1937，1938)，在50年代不断得到完善和发展。这个理论有一个基本问题。即准地转平衡是如何形成的？究竟是风场向气压场调整还是气压场向风场调整？叶笃正指出了这是一个运动尺度问题，对于大尺度运动，应是风场向气压场调整，而对于中、小尺度运动，应是气压场向风场调整(Yeh，1957)，曾庆存（1963a，1963b）严格地证明了这个论断。此外，我国学者还发展了半地转适应、球面大气适应和有源的地转适应等理论。

青藏高原是全球最高、最大的高原，叶笃正和高由禧率先提出了青藏高原对东亚大气环流的形成和变异不仅起到明显的动力作用，而且起到重要的热力作用，特别是青藏高原对于亚洲夏季风的形成和变异起到重要作用（叶笃正和高由禧，1979；吴国雄和张永生，1998；吴国雄等，1998；Liu et al.，2012；Wu et al.，2007，2012a，2012b）。

四、热带大气波动和低频振荡的发现

20世纪50年代以前，有关中高纬度大气环流与大尺度波动的研究比较充分，而对于热带地区大气环流则研究比较少。从60年代起，热带观测资料的增多，掀起了热带大气环流与波动的研究热潮。在60年代中期，Matsuno从理论上首先发现了在赤道地区除了在中纬度存在的Rossby波和重力波外，还存在着局限在赤道附近的Rossby-重力混合波和Kelvin波（Matsuno，1966），这个理论发现被后来的观测所证实（图1-3-2）。Matsuno的这个发现开辟了热带大气和海洋动力学研究的新途径。正是这个发现为热带平流层动力学、热带太平洋ENSO循环动力学、低频振荡特别是MJO动力学及近来兴起的热带气旋和台风生成的波动论提供理论基础。

在20世纪70年代初，Madden和Julian（1972）从观测事实发现热带太平洋纬向风变化存在着30~60天周期的振荡。后来的研究又证实了全球热带大气都存在着这种振荡，只不过有些地区强，有些地区弱。80年代气象学家用CISK-Kelvin波和CISK-Rossby波理论很好地说明了热带30~60天周期的振荡。

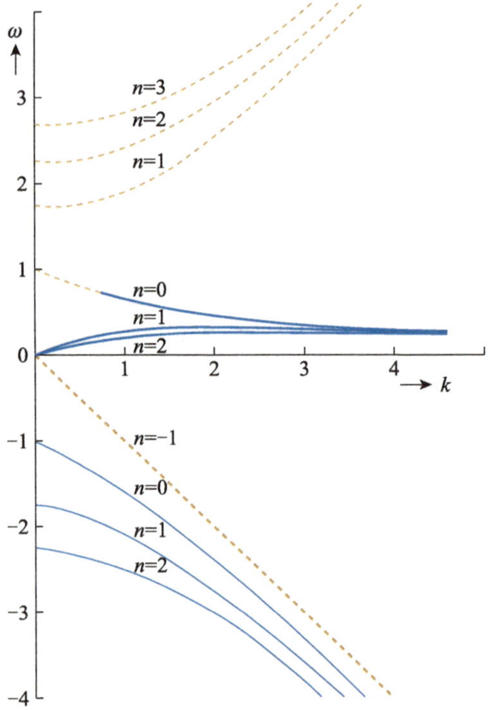

图1-3-2 热带波动波数与频率关系图（Matsuno，1966）
细实（虚）线为东（西）传的惯性重力波，粗实（虚）线为Rossby波（Kelvin波）

五、关于大气环流异常遥相关的提出

20 世纪 80 年代由于全球大气环流研究的发展，发现了全球大气环流异常存在着“遥相关”现象。Wallace 和 Gutzler (1981) 及 Horel 和 Wallace(1981) 首先发现北半球冬季大气环流异常存在太平洋 / 北美（PNA）型和欧亚（EU）型等遥相关型（图 1-3-3）；并且，Nitta （1987) 发现北半球夏季大气环流异常存在着太平洋 - 日本（P-J）振荡，以及黄荣辉和李维京 (黄荣辉和李维京，1988；Huang，1992) 从理论分析和数值模拟结果所提出的东亚 / 太平洋（EAP）型遥相关（图 1-3-4）。这些遥相关型对于东亚和我国夏季气候变异有重要作用，并在东亚夏季气候异常的预测中有着广泛的应用。

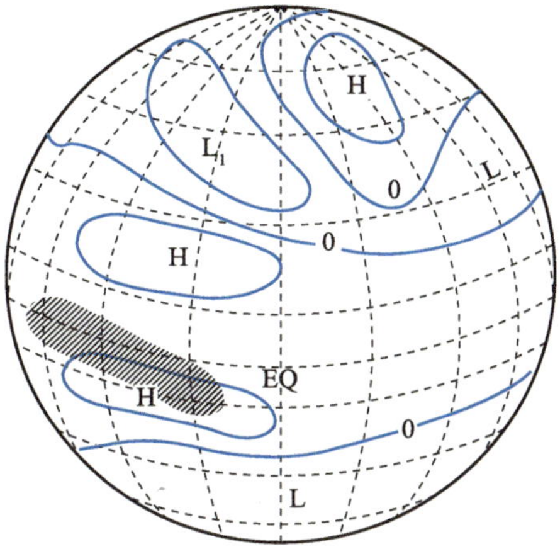

图1-3-3 欧亚型遥相关示意图（Horel and Wallace, 1981）

六、行星波动力学研究及发展

上述遥相关观测事实的发现推动了行星波动力学研究的新发展。关于行星波研究的兴起应追溯到20世纪50年代关于大气环流准定常扰动形成的研究。从20世纪50年代起人们就研究了大气环流中平均槽脊的形成，即准常定行星波的形成原因。有的学者强调地形强迫在形成准常定行星波中的作用（Charney and Eliassen，1949）；而有的学者强调非绝热加热是形成准常定行星波原因(Smagorinsky，1953)；我国学者叶笃正和朱抱真(1958)指出地形与非绝热加热都是形成准常定行星波的根本原因，这个看法至今仍是正确的。

在研究准常定行星波形成机制的同时，许多学者还研究了准定常行星波在垂直切变基流中的垂直传播(Charney and Drazin 1961；Dickinson，1968；Matsuno，1970)。Hoskins 和 Karoly(1981) 研究了准定常行星波在球面大气中的传播特征，他们率先把叶笃正在40年代所得到Rossby波的频散规律推广到球面大气的二维传播，从而很好地解释了大气环流异常的遥相关现象。并且，一些学者利用波在缓变介质的传播特性、球面大气的数值模式和再分析资料研究了准定常行星波在实际基本气流中的三维传播特性，并表明了准定常行星波在三维大气中传播存在着两支波导(图1-3-4)（Huang and Gambo，1982；黄荣辉和岸保勘三郎，1983），以及这两支波导存在着反相振荡的年际变化特征（Chen et al.，2005），从而解释了一些平流层和对流层大气环流相关现象。

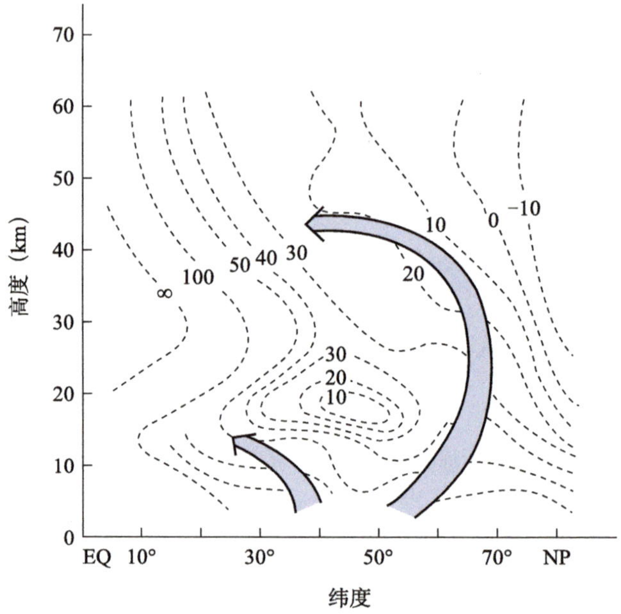

图1-3-4　北半球冬季准定常行星波在三维大气中传播波导示意图（黄荣辉和岸保勘三郎，1983）

此外，我国学者曾庆存还利用波包概念研究了非均匀基流下瞬变行星波的演变规律（Zeng，1983a，1983b），他的研究很好地说明了在正压和斜压大气行星尺度扰动的演变特性。

七、关于大气中波-流相互作用和无加速原理的研究

随着行星波动力学研究的深入，在20世纪70年代中后期，关于波－流相互作用的研究掀起了热潮。英国学者Andrews和McIntyre（1976）引入波作用量概念，证明了大气环流中一个新的基本原理——波作用量守恒原理，并提出广义Eliassen-Palm通量（简称E-P通量）。这是一个诊断波在基本气流中的传播及其与基本气流相互作用的一个新的物理量。这里我们必须提到无加速原理，前面已经阐述了Rossby的环流观点，波动是大气环流中不可缺少的，由于波输送热量与角动量，才会造成如上所述大气环流的分布与演变。然而，Charney和Drazin（1961）提出在一定条件下波与基本环流不相互作用，这无疑是对古典大气环流又一新的认识。Edmon等（1980）从非线性的观点应用E-P通量研究波流相互作用时很好地证明了这个理论。

八、提出了在自然科学界中产生重大影响的非线性动力学

20 世纪 60 年代初，Lorenz 对非线性动力学的发展作出了重大贡献。他提出在大气非线性运动方程组的解中存在着分叉、混沌及怪吸引子的现象(Lorenz，1963，1965)。他的理论在自然科学界引起很大轰动，不仅促使大气动力学得到很大发展，而且使数学、物理学，甚至生物学、工程技术科学也得到很大的发展，取得了重大的突破。非线性大气动力学的出现是大气科学对自然科学重大贡献的一个典范。Lorenz 所提出的这些理论对于现代科学的各个领域取得突破性进展有很大贡献。在 Lorenz 提出非线性理论系统之前，对于科学问题的认识要么是确定论，要么是随机论。然而，Lorenz 提出确定论与随机论不能截然分开，它们之间是有联系的，在非线性动力体系中，有序的运动在一定条件下可以演变成无序运动，这无疑是科学认识的一次重大突破。

第四节　大气环流演变的预测和数值模拟试验的发展

数值天气预报与大气环流数值试验是利用超大型计算机，应用地球流体动力学方程组和有关物理法则，对未来天气进行定量预报及对全球和区域大气环流平均状况和演变进行再现和预测。由于芝加哥学派建立了大气环流的波动理论体系及 20 世纪 40 年代中后期电子计算机的发明及其快速发展，数值天气预报和大气环流数值模拟取得了重大进展。

一、可以在大型计算机上进行数天的天气预报

1950 年，Charney 所领导的研究小组利用尺度分析方法，建立了准地转模型，并在 ENIAC 计算机上成功地制作出第一张数值天气预报图 (Charney et al.，1950)。这个研究的成功说明了天气预报能够从经验估计变成客观的、定量的预报，说明了天气预报可以从定性的分析变成严密的以物理规则为依据的数值计算。并且，在 20 世纪 60 年代，专家学者提出了原始方程模式，并取得数值试验的成功（Zeng，1963；Mintz，1965），该模式显示出比准地转模型有更多的优点。因此，在七八十年代世界各地广泛应用原始方程模式来制作数值天气预

报，从而大大提高数值天气预报的准确率并使得预报时效延长，特别是欧洲中期数值预报中心的建立，使得 6~7 天中期天气预报成为可能。到了 90 年代，数值天气预报模式分辨率的提高及气象卫星遥感资料的大量应用，使得数值天气预报时效达到 10 天左右，并开始试验月和季时间尺度的数值气候预测。21 世纪初，数值天气预报的准确率比 20 世纪 90 年代又有了明显提高。因此，应用大型计算机可以对数天的天气变化进行客观、定量的预报（Jean-Noël，2012），甚至对月－季时间尺度的气候演变进行预测，是 20 世纪大气科学的一个重要的应用研究成就。

二、大气环流和气候可以在超大型计算机上作各种数值试验

自从 Phillips(1956) 利用斜压准地转大气环流模型成功地进行了大气环流的数值试验，人们认识到大气环流数值试验具有许多用解析解无法达到的优点，因此，在国际上掀起利用计算机来进行大气环流数值模拟的研究热潮。从 20 世纪 60 年代初起，世界上许多研究小组利用原始方程模式来模拟大气环流，并进一步改进大气环流的数值模拟。 60 年代中后期，国际上出现了许多具有物理量计算齐全、有代表性的原始方程大气环流数值模式，如美国的地球流体动力学实验室（Geophysical Fluid Dynamics Laborary，GFDL）、加利福尼亚大学洛杉矶分校（University of California，Los Angeles，UCLA）和美国国家大气研究中心（National Center for Atmospheric Research，NCAR）都先后构造了原始方程模式，并对大气环流进行了数值模拟 (Manabe，1969；Arakawa，1972；Kasahara and Washington，1971)。这些原始方程模式成功地模拟了大气环流的变化，其模拟结果要比准地转模式的结果好得多。这个时期大气环流模式与 60 年代初期的模式相比要完善得多。这些模式的主要特点如下：①把积分的水平区域从北半球扩展到全球；②由辐射所引起的加热、冷却在模式的积分中每步都作为气温、水汽，云量的函数来计算；③所考虑的大气的垂直范围从对流层扩展到平流层；④在模式中以参数化形式考虑了小尺度现象，如在积云内的水汽凝结及水滴蒸发所产生的加热、冷却等，并且考虑了边界层作用等；⑤已开始将大气环流模式与海洋环流模式耦合，从数值试验的对象及其时间尺度来看，已从月平均环流的演变发展到季度、年际环流变化的模拟。

利用这些模式大大提高了大气环流的数值模拟精度，于是在七八十年代利用全球原始方程大气环流数值模式来模拟全球大气环流的演变已成为大气环流

研究的一个很有效的手段和方法。从80年代起，把大气环流模式与海洋环流模式相耦合，并利用海－气耦合模式来模拟气候变化等相关研究在国际上迅速发展。90年代至今，国际上不仅发展了全球大气环流和气候的数值模式，而且发展了高分辨率区域大气环流和气候的数值模式。大气环流数值模式和模拟的发展使得大气科学有可能像物理学、化学、生物学在实验室做实验一样，可以在超高速大型计算机上进行大气环流和气候的演变等各种数值模拟试验，从而促进了大气科学和全球气候变化研究的迅速发展。

三、数值模拟已成为大气科学各领域有效的研究手段

由于计算机技术的迅速发展，以及大气环流和气候演变的数值模式和数值模拟的不断完善和进步，数值模拟不仅应用于大气动力、热力过程的研究，而且广泛应用在大气的化学过程及陆面过程和生物圈的生物过程，海洋的动力、热力过程及海洋和陆面生物地球化学过程等，甚至人类活动对气候的影响过程，数值模拟已成为大气科学和全球气候变化研究各领域有效的研究手段。

第五节　大气物理学迅速发展

大气物理学是大气科学中比较古老而基本的一门分支学科，它是研究大气中物理过程的一门分支学科，包括大气光学、声学、电学、云雾物理和边界层物理，以及大气辐射等。大气物理学中各分支学科，如云雾物理学、边界层物理学、中层大气物理学等，已逐渐发展成为大气科学中独立的分支学科，因此，当今大气物理学着重研究大气各种波段的辐射和传输特性和观测，辐射对气候影响及大气中雷、电等发生原因和规律等（吕达仁，2001）。

一、大气的辐射和传输特性的研究

第二次世界大战以后，随着分子光谱学和光谱分析技术的发展，大气中各种成分的辐射特性及其在大气中的传输研究在20世纪五六十年代掀起高潮（Goody，1964；Kandratiev，1969），并且，这些研究广泛应用于气象卫星对地

球和大气的天基遥感 (Smith，1970)。这不仅使其他大气科学分支学科大大发展，也使得大气物理学本身得到发展。到了20世纪90年代，大气辐射的测量已成为大气和地球系统天基遥感的重要手段 (Vonder Haar and Suomi，1970)，这是20世纪大气物理学研究的重要进展之一。

二、大气辐射学研究迅速发展

20世纪80年代以后，温室气体 CO_2、CH_4 等在大气中浓度的升高引起了全球增暖，并对全球环境变化产生了严重影响。这个问题引起世界上许多国家科学家的关注（Houghton，1998）。关于这些气体浓度改变的气候效应研究使得大气辐射学的研究迅速发展。它不仅使得大气物理学的研究更深入，也使得大气辐射物理过程与大气动力、热力过程的研究相结合。

三、雷电物理学的发展

雷电对人民生命财产有重大危害，因此，在20世纪以前就作了许多雷电物理学的研究，可以说雷电物理是大气物理最早研究的重要课题之一。经过一个多世纪的研究，人类认识到雷电产生的物理过程，特别是20世纪研究了如何避开雷电的危害，在避雷和雷电定位方面的研究取得重大进展 (郄秀书，2000)。到了20世纪八九十年代，人工引雷技术得到不断发展与完善，可以说这是雷电物理学研究的重要进展，具有广泛的应用前景。

第六节　中小尺度天气系统的预报和人工影响天气的发展

中小尺度天气系统会带来狂风暴雨，造成严重的天气灾害，带来严重的经济损失和人员伤亡。随着经济的发展，由中小尺度天气系统造成的灾害和经济损失越来越大。从20世纪70年代起，世界各地就加强了中小尺度气象学的研究，使中小尺度气象学有了很大发展（黄美元，1995）。

一、中小尺度天气系统的形成机理、模拟和预测研究的发展

中小尺度天气系统会造成严重灾害，因此世界上许多国家很重视中小尺度天气系统结构和动力特征的研究。从 20 世纪 80 年代起，天气监测网越来越密集，使得有些区域的中小尺度气象学的研究成为可能，从而促使中小尺度气象学的研究蓬勃发展。近年来通过加密观测试验，气象学家逐渐认识到中小尺度天气系统的特征、结构及发生、发展的动力、热力成因。我国著名气象学家陶诗言系统地研究了中国暴雨中尺度系统结构特征及其发生、发展过程（陶诗言，1980）。在 20 世纪中，中小尺度气象学中一个突出的研究进展是从观测和试验提出了关于超级雷暴单体、多雷暴单体、飑线、中尺度对流复合体（MCC）等不同类型的中尺度强风暴概念模型（小倉義光，1984）；并且，从切变线、重力波、中尺度运动的稳定性及中尺度系统与环境场的相互作用提出了中尺度天气系统的演变过程和机理（Maddox，1980；Atkinson，1981）。

大尺度环流的数值模式逐渐成熟，使得利用高分辨率区域数值模式来模拟中小尺度天气系统的演变成为可能。因而，世界上许多国家很重视研制高分辨率有限区域的中小尺度天气系统数值模式，利用这些数值模式来模拟和预报中小尺度天气系统的发生、发展。特别从 80 年代起，不仅能模拟积云的发展，而且能模拟中尺度飑线和中尺度对流复合体的演变。并且，由于超高速计算机的发展和卫星资料四维同化的应用，近年来高分辨率区域中尺度模式已在许多发达国家用于中尺度系统的数值业务预报及台风和暴雨的临近预报（nowcasting）（Browning，1982）。

二、云降水物理学研究的发展

中小尺度气象学中一个关键的科学问题是大气中云的形成和降水的物理过程。随着这个问题研究的深入，出现了一门新的分支领域——云物理学。云物理学是研究各种云的形成过程，它们的组成、性质、结构和分布。关于云物理学的研究从 20 世纪 40 年代就已兴起。在 20 世纪 40 年代，在云物理学的研究中就提出碘化银对冰晶形成的催化作用。之后，云物理学的研究取得了重要进展，从物理和化学的相变理论到与大气动力过程相互作用的动力理论的深入研究，使得这门分支学科包含着丰富的内容。60 年代起，在云物理学的研究中发展了云的动力与微物理相结合的理论和数值模拟，在美、英等国建立了风暴云

的动力和物理概念。到了80年代，云物理学的研究不仅向着风暴云动力与物理学及其在风暴雪灾预测和人工消雹中的应用发展，而且云物理学与化学相结合（特别是酸雨的形成），以及在云与气溶胶的气候效应等方面进行了深入研究（吕达仁，2001）。80年代之后，云和降水的物理过程和化学过程研究的掀起为云物理学增添了不少研究新内容，因此，云物理学就成为云降水物理学。

三、人工影响天气的发展

随着云物理学的发展，并且由于干旱和冰雹等灾害的严重性，气象学家从20世纪50年代起认识到利用物理方法可以增加云降水效率或使雹云消散，从而可以避免或减轻干旱和雹灾造成的损失，这使得人工影响天气试验的兴起。在60~90年代，随着云物理学研究的深入和人工影响天气技术的不断发展，人工影响天气试验在世界许多地区进行和迅速推广，并且取得了一定程度的成功。人工影响天气试验的成功说明了人类在局部地区，在某种程度可以影响天气的变化(黄美元，1995)。由于防灾减灾的需要，以及随着云降水物理学的深入研究和大气科学各分支领域的发展，可以相信在21世纪人工影响天气将有可能取得更大进展。

第七节　大气环境与大气化学学科的兴起和发展

大气环境学是研究在大气边界层的物理过程、污染物的扩散过程、大气质量演变和预报，而大气化学是研究大气中气体成分的变化及其化学过程，特别是研究温室气体和痕量气体浓度变化、酸雨形成过程、气溶胶化学过程、大气与海洋中物质的循环，以及它们的气候效应。

一、大气环境与大气化学研究的兴起和发展

20世纪40年代以前，大气科学着重研究大气中所发生的宏观运动的动力、热力过程及各种物理现象的成因，这些研究都把大气看成一个化学稳定的物理体系。然而，第二次世界大战以后，随着工业生产的发展及人类活动的加剧，

大气中的 CO_2 浓度不断增加，平流层的 O_3 不断耗损，在大气边界层中的 SO_2 等污染物的扩散、酸雨不断加重。这些问题在 20 世纪 60 ~ 80 年代就引起全球科学家的关注，促使大气科学中出现新的分支学科，即大气环境学与大气化学（王明星，1996）。大气环境科学和大气化学不仅成为民众和政府关注的一个重要的大气科学的分支领域，而且也是人类改善生存环境质量的一个重要的科学基础。这应该是 20 世纪大气科学的重要进展之一。

由于大气环境和大气化学研究的重要性，自 80 年代以来，相关研究组织在全球范围内开展了一系列有关大气环境学和大气化学研究的大型试验，如全球对流层试验（GTE）、平流层气溶胶试验（SAGE）和为期 15 年的全球对流层化学计划（GTCP）等（Galbally，1989）。这些大型观测试验揭开了大气环境学和大气化学研究的新篇章。

二、大气污染与边界层物理研究的发展

大气边界层是大气污染主要源地，要研究大气污染物在边界层的扩散规律，就要搞清楚大气边界层的结构、特征，因此，从 20 世纪 60 年代开始，关于边界层结构、特性的探测和分析研究得到很大发展。并且，60 年代之后，随着工业的迅速发展，大气边界层污染物的扩散特性的研究在世界各地大量开展，到了 20 世纪八九十年代，边界层大气污染的区域输送及模拟、大气污染的预测和调控机理的研究得到了很大发展。边界层物理学应用到大气环境变化的分析、模拟、预测和调控，这也是 20 世纪大气科学的一个重要应用研究成就。

三、温室气体及其气候效应以及臭氧的光化学研究的兴起

如图 1-7-1 所示，各国工业化进程的加快以及人类大量砍伐森林，使得 CO_2、CH_4 这类温室气体在大气中浓度呈指数形式增长（Houghton，1998）。到了 20 世纪 80 年代，大气中 CO_2 浓度以 1.3 ppm/a 的速度在增长。温室气体的增加、全球气候变暖，导致全球海平面上升、旱涝灾害加剧、中纬度地区干旱化等问题的出现。这些问题已引起全世界科学家和各国政府的关注。因此，大气中温室气体浓度的监测及其气候效应从 80 年代起就成为国际大气科学界的热门研究问题。1987 年发现南极出现 O_3 洞，之后又观测到南极频繁出现 O_3 洞（图 1-7-2），这引起科学家对 O_3 的光化学反应及光化学 – 辐射 – 动力相互作用研究

的兴趣。由于上述问题，全世界正在加强 CO_2、CH_4 等温室气体及 O_3 这类大气中痕量气体的监测，研究其源、汇、浓度水平的变化，并使用数值模式对大气成分变化的物理、化学和生物过程加以数值模拟。温室气体 CO_2 和 CH_4 浓度的增加及平流层 O_3 的耗损等问题的出现掀起了全球环境的研究热潮，这是 20 世纪大气科学研究的重大进展之一。

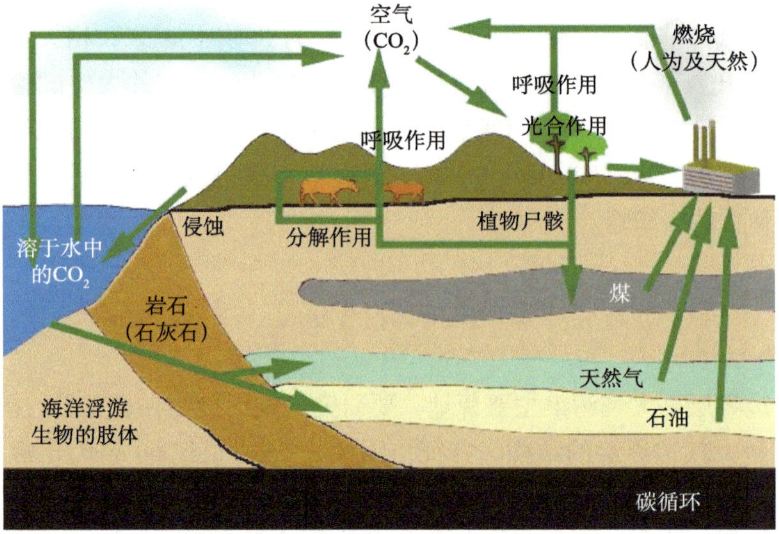

图1-7-1 大气中CO_2的源与汇示意图（图引自http://blog.sciencenet.cn/blog-27835-427282.html[2015-3-20]）

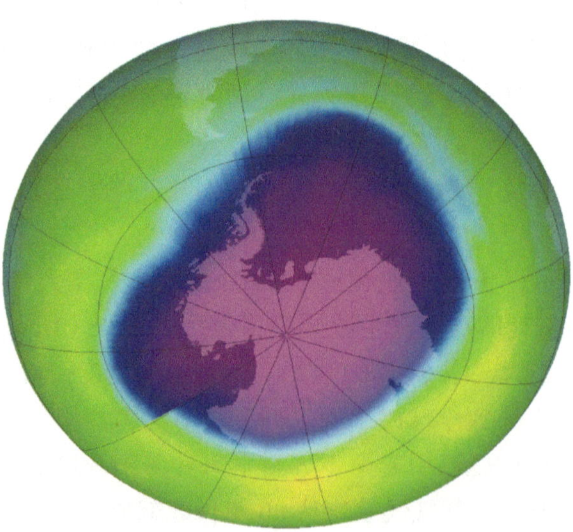

图1-7-2 2000年南极臭氧洞的分布（2000年9月29日）（图引自http://ozonewatch.gsfc.nasa.gov/ozone_maps/images/Y2000/M09/OZONE_D2000-09-29_G%5E716X716.ITOMS_PEPTOMS_V8C_MMERRA_LSH.PNG[2015-5-30]）

四、降水化学与气溶胶化学研究迅速发展

大气污染的加重，使水滴下落时与 SO_2 等污染物的结合会变成酸雨而降落到地面，严重污染和毁坏农作物，这个问题已引起全世界的关注。从 20 世纪 70 年代起，许多国家制定了大规模综合研究计划，对云水、雾水和降水进行采样，监测酸雨的形成和变化，并对酸雨产生的化学过程进行了深入研究。并且，大气气溶胶浓度直接影响气候，特别是 PM2.5 及以下的大气中微细颗粒物浓度的增加引起了雾霾天气天数的剧增，直接危害人民的身体健康，因此，从八九十年代起气溶胶的形成过程、谱结构、化学特性、对辐射的影响和气候效应等问题的研究得到迅速发展。

上述研究表明：为控制大气质量和治理大气中的污染，改善人类的生存环境，实现经济和社会的可持续发展，大气环境学和大气化学的研究不仅引起各国科学家和政府的重视，而且深受世界各国民众所关注。因此，大气环境学和大气化学研究迅速发展并成为各国民众和政府关注的一个大气科学分支领域，这也是 20 世纪大气科学的重要进展之一。

第八节　中层大气科学研究的重要进展

中层大气（middle atmosphere）是20世纪70年代以后广泛使用的一个新名词。如图 1-8-1 所示，它是指从对流层顶到约 100km 高度之间的大气层，由平流层、中间层（mesosphere）与热层下层所组成，占据着大气总量约 20% 左右。随着飞机飞行高度的增加，空间遥感和日－地关系研究的发展，国际大气科学界日益重视关于中层大气的研究，它已成为大气科学与空间科学交叉的热门研究课题之一。

中层大气与对流层大气不同，它没有水蒸气的凝结，不与海洋及地表直接进行动量和热量交换，不直接受到地形的作用，因此就会产生中层大气固有的大气环流。但是，中层大气位于对流层之上，这样在对流层产生的波动有些会传播到中层，如在对流层由于大尺度地形和海陆纬向分布的不均匀性所产生的行星波可以传播到平流层与中间层。并且，由于波在传播中的能量密度是守恒的，所以波在垂直传播中，它的振幅随高度增加，并与大气密度的平方根成反比。这样，本来在对流层不引人注目的重力内波传播到中间层就变成很可观的现象。因此，平流层与中间层大气环流也是很复杂的。

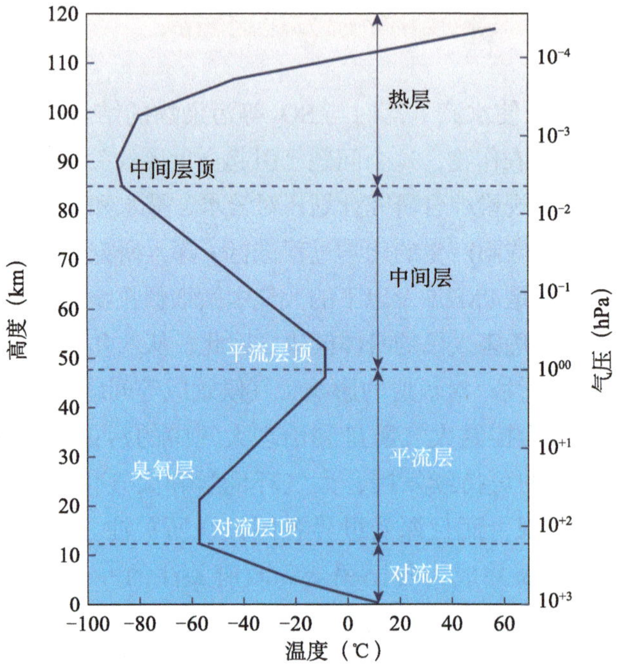

图1-8-1　大气温度的垂直分布

中层大气含有臭氧等痕量气体与其他大气微量成分的气体，它们的光化学反应直接影响着平流层的物理状态。并且，重力波在中层大气的重要作用及臭氧的光化学反应、重力波和行星波与基本气流的相互作用对于气候变化有重要影响。因此，研究中层大气基本动力和物理过程不仅对搞清中层大气环流形成与变化的物理机制有重要意义，而且对于研究气候变化与近空间环境也有重要意义（陈文等，2000）。

一、中层大气行星波动力学及其对爆发性增温作用的研究

众所周知，平流层与中间层大气不会像对流层那样自己产生各种波动，因此，若单独存在平流层与中间层大气，那么平流层与中间层的大气环流只能是轴对称纬向环流。但是，许多观测资料表明，冬季平流层与中间层大气却存在着振幅很大的行星波。关于平流层的行星波是如何产生的，早在20世纪60年代初就开始研究，许多研究表明平流层准定常行星波产生的机制中，平流层内部的斜压不稳定过程并不是主要的，而主要是由于对流层强迫产生的行星波向平流层传播的结果。关于这个问题，许多研究表明冬季准定常行星波通过极地和低纬两波导分别传

播到高纬平流层和低纬度对流层上层，因此，对流层大气中由于受地形与热源强迫所产生的行星波向平流层及中间层传播，从而形成了平流层及中间层大气的行星波与准定常扰动（Dickinson，1968；Matsuno，1970；Huang and Gambo，1982），甚至有时致使北半球冬季平流层经常发生爆发性增温现象（Matsuno，1971）。

在 Scherhag（1952）发现了平流层爆发性增温之后，许多观测资料证实了平流层爆发性增温是北半球平流层大气环流中一种特殊现象。这种现象表现为在冬季平流层大气的温度在某区域有时会发生剧烈上升，几天之内增温幅度可高达 50℃；并且，由于极区周围空气增暖，造成温度梯度反向，这种急剧增温带来平流层环流的急剧变化，极夜急流迅速减弱和崩溃，极区周围出现东风气流。关于平流层爆发性增温机制在较长的时期内不清楚。70 年代初，Matsuno（1971）从动力学观点提出准定常行星波沿极地波导从对流层向平流层传播，致使北半球冬季平流层有时会产生爆发性增温，从而成功地解释了平流层爆发性增温机制。近年来，利用变形欧拉平均运动方程来解释平流层爆发性增温机制的研究比较多。这些研究都指出行星波上传对平流层爆发性增温的作用。

在中层大气中除了有准定常行星波外，还有瞬变行星波，这些波动可能与中层大气的正压不稳定和斜压不稳定有关。

二、中层大气重力波动力学及其对准两年振荡作用的研究

中间层顶温度在南北方向呈现出冬半球高于夏半球的反常分布，围绕着这一问题的物理解释使得重力波的研究大大发展。研究表明上传重力波与大气潮汐波在中间层的不稳定可以平衡反常温度分布所要求的经圈环流而产生的地转偏向力（朱迅，1987）。因此，中层大气重力波的产生机理及传播特性等的研究在 20 世纪 70 年代后期所实施的中层大气计划（MAP）之后得到很大发展。

在平流层与中间层直到热层下部，波与基本气流的相互作用是中层大气环流产生演变的主要动力过程。Reed 和 Rogers（1962）发现了热带平流层下层纬向平均气流是东西风交替出现，其变化周期是稳定的，大约是 26 个月左右，通常这种现象被称为平流层准两年周期振荡，简称 QBO（图 1-8-2），这种现象的机理在一段时间内暂不清楚。发现热带平流层存在着 Rossby- 重力混合波和 Kelvin 波以后，Lindzen 和 Holton(1968) 利用这种上传的 Rossby- 重力混合波、Kelvin 波与平流层基本气流的相互作用成功地解释了 QBO 现象。然而，近来的研究表明热带东、西向传播的重力波上传对准两年振荡形成的作用要远大

于 Kelvin 波 和 Rossby- 重力波的作用（Sato and Dunkerton，1997；Yoshio et al.，2010 a，2010b）。因此，近年来关于平流层重力波的产生过程及其对准两年周期振荡的作用成为中层大气热门的研究课题。

在中层大气研究计划的基础上，国际上建立了以火箭为中心的中层大气风系的探测网，并对中层大气重力波的破碎以及与基本气流相互作用进行了较系统的研究。

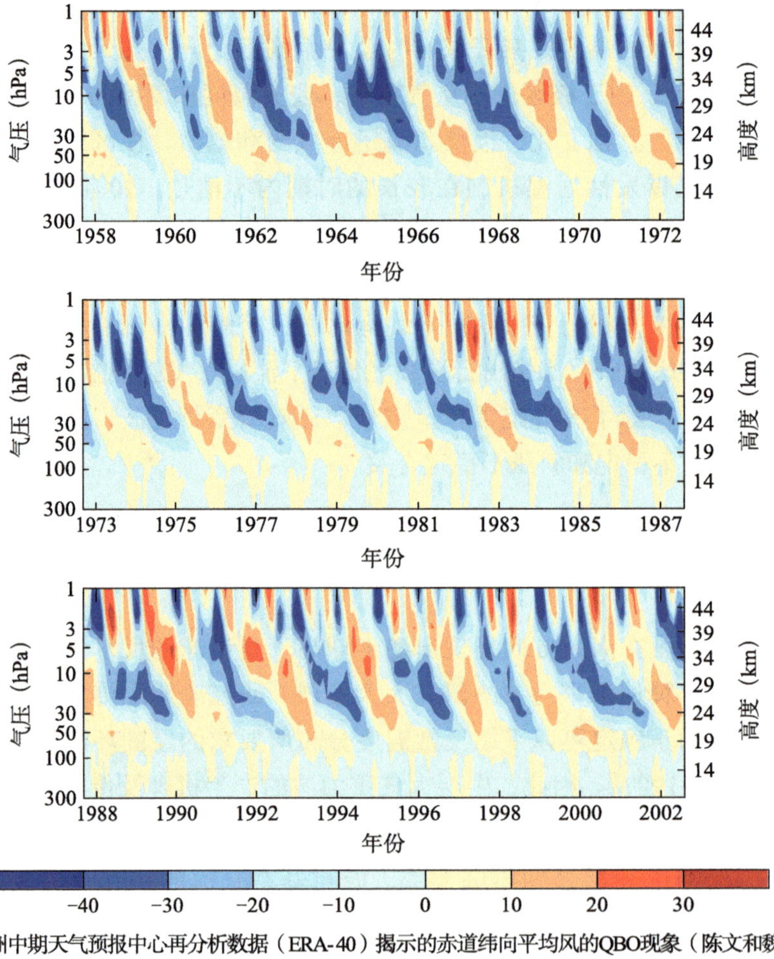

图1-8-2 欧洲中期天气预报中心再分析数据（ERA-40）揭示的赤道纬向平均风的QBO现象（陈文和魏科，2010）
图中所示为赤道地区纬向平均风随时间的演变(蓝色为东风，红色为西风)，时间段为1957年9月至2002年8月

三、臭氧(O_3)在中层大气输运的研究

众所周知，O_3 生成源在赤道地区，但观测表明 O_3 总量最大值位于高纬度地

区，并且近年来发现南极大气中臭氧在减少，特别是发现了南极“臭氧洞”，因此，关于 O_3 在中层大气输运的研究发展非常迅速（WMO，1994）。

20 世纪 60 年代以前，关于中层大气臭氧的输运最初都是利用一维模式，这种模式可以考虑波的传播与吸收所引起 O_3 混合比的变化。反过来，由于 O_3 混合比的变化又引起了基本态的变化，从而使波的传播与吸收也发生变化。20 世纪 70 年代末到 80 年代初，研究表明 O_3 在平流层的净输运是剩余环流（residual circulation）所引起的，显然引用拉格朗日平均环流理论来研究平流层与中间层大气中痕量气体的输运过程要比用欧拉平均环流理论更合理。因此，从 80 年代以后这个理论广泛用来研究 O_3、气溶胶粒子与放射性物质在大气中的输运过程。近年来，我国学者研究表明平流层 QBO 和行星波对于 O_3 的输运有很大作用（陈文和黄荣辉，1996a）。

第九节　气候系统动力学和数值模拟与预测的研究蓬勃发展

从 20 世纪 70 年代后期起，大气科学研究取得的一个突破性进展是人们认识到气候变化不仅仅是由发生在大气内部的动力、热力过程所造成，更重要的是由大气圈、水圈、冰雪圈和岩石圈所构成的气候系统中各圈层相互作用的结果 (图 1-9-1)。因此，从 70 年代末以后，气候系统动力学与气候预测变成大气科学中一个具有重要意义的科学问题（WMO，1995；徐飞亚和黄荣辉，1996）。

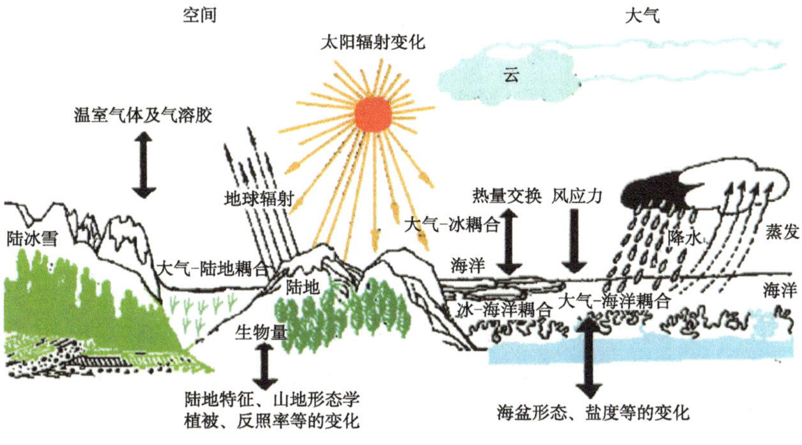

图1-9-1　气候系统示意图（黄荣辉等，2011）

一、气候变化与气候系统动力学研究得到很大发展

大气科学家充分认识到要弄清不同时空尺度气候变化的成因，就必须进行长时间和足够空间分辨率的观测，以便弄清楚气候系统中各圈层相互作用的热力、动力过程。并且，他们也认识到要弄清地球/气候系统中动力、热力及化学和生物过程就必须利用观测资料、理论和数值模式来详细分析研究陆－气耦合的气候子系统、海－气耦合的气候子系统，以及雪冰－大气耦合的气候子系统等对气候变化的重要作用。由于计算机技术的迅速发展及卫星遥感技术的发展，以及人们对大气、海洋的热力和动力特性及陆面、冰雪的热力特性认识的提高，现在已有可能把气候系统中各子系统用较详细的数学模型来描述，并把它变成耦合数值模式，即气候数值模式，从而可以模拟甚至可以在某种程度上预测季度和年际时间尺度的气候变化，以及预估更长时间尺度的温室气体浓度增加所引起的气候变化趋势。

二、气候系统的数值模式和数值模拟研究在世界各地掀起热潮

由于计算机计算速度和容量的迅速发展及卫星遥感技术的发展，以及人们对大气、海洋、热力和动力特性及陆面、冰雪的热力特性认识的提高，已有可能把气候系统中各子系统用较详细的数学模型来描述，并把它变成数值模式，从而在某种程度上来描述季度、年际和年代际的气候变化及温室气体浓度增加的气候效应。20 世纪 80 年代以后，国际上先后开展了世界气候研究计划（WCRP）、地圈－生物圈研究计划（IGBP）、生物多样性研究计划（DIVERSTAS）、国际人文计划（IHDP）四大地球环境变化（GEC）计划。热带海洋与全球大气研究计划（TOGA）（WMO，1995）、全球能量水分循环研究计划（GEWEX）、全球洋流实验（WOCE），以及气候变率及其可预报性研究计划（CLIVAR）等相继实施（WMO，1995），气象学家不仅有可能构成一个较完善的海－陆－气耦合模式来模拟年际和年代际甚至更长时间的气候变化，以及模拟物理气候系统对外界强迫因子（如温室气体和气溶胶浓度变化）的响应，而且有可能对气候系统各圈层相互作用作更深入的了解，把气候系统作为一整体，利用数学模型来描述（图 1-9-2）。因此，90 年代起，为开展气候系统动力学与气候预测研究，世界各地相继成立了许多研究中心，如国际气候预测研究所（IRI），专门研究几个月～几年的气候预测的数值模式。并且，许多区域和国家

相继建立了区域性研究中心，如英国建立了哈德利气候研究和预测中心，德国建立了普朗克气象研究所，日本成立了气候系统研究中心及全球变化前沿研究所等。此外，加拿大和澳大利亚也相继建立了气候研究中心。这些中心的主要任务是通过国际合作来发展先进的气候系统耦合模式，进行月－年际气候变化预测试验及大气中温室气体倍增所导致的气候增暖趋势预估等研究。大气科学家利用这些气候系统模式完全有可能更深入地理解控制气候变化的各子系统相互作用，并在此基础上再增加物理气候系统与生物圈、人类活动相互作用的物理、水文、化学和生物过程，从而为当今地球系统数值模式的构建提供了模式基础。

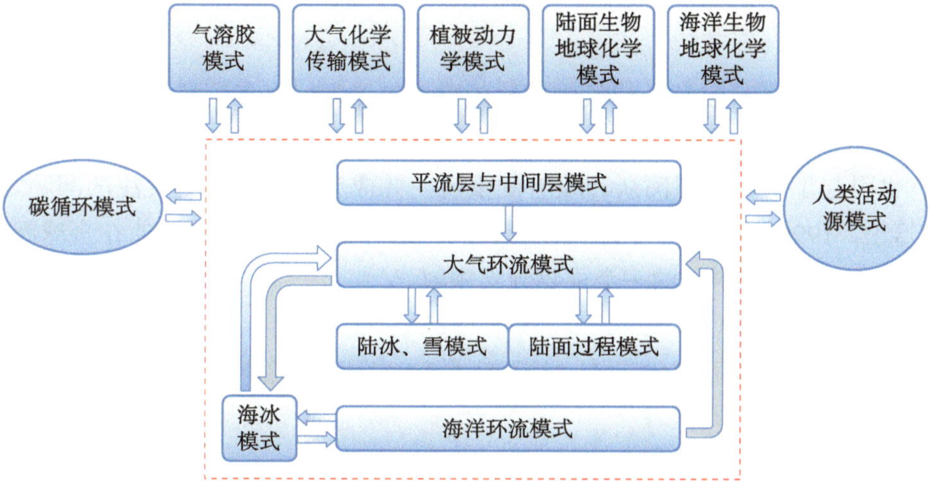

图1-9-2　气候系统数值模式框图

三、短期气候变化在某种程度上可以预测

由于计算机的急速发展和中期天气数值模式的发展，人们已有可能预报 10 天以下的天气演变。但是，目前在业务预报上还不能利用有效的方法来预报月以上时间尺度的短期气候变化。因此，研究季～几年时间尺度的气候变化在什么空间尺度是可预测的，成为 20 世纪 90 年代以来国际大气科学重要的研究课题。并且，从 20 世纪 90 年代开始，许多气候研究中心都在努力发展动力过程和热力过程协调一致的全球大气－海洋－冰面－陆面－生态系耦合模式，以便研究时间尺度在季度－几年，空间尺度从区域到全球的短期气候变化的预测理

论和模式（Bengtsson，1997）。特别是月－季度时间尺度的短期气候变化的预测在许多先进国家开展试验，并在某种程度上取得成功，对 ENSO 事件的发生及其所影响的年际气候变化也能作出有一定准确度的预测。

综上所述，气候系统动力学和气候预测研究的发展是 20 世纪八九十年代大气科学和全球气候变化研究所取得重大进展之一。

第十节　全球增暖及其对环境的影响成为地球科学研究的热点

20 世纪大气科学和全球气候变化的重要进展之一是各国科学家和政府认识到全球在变暖且引起地球环境的变化。这个问题不仅引起科学界的极大关注，而且也引起了世界各国民众和政府的重视，并成为国际上外交关注的问题之一（叶笃正，1996），因此，全球气候变化及其对环境影响的研究迅速在全球展开，现在它已成为地球科学的一个重要分支领域。

一、全球气候变化及其对环境影响的研究和评估已成为地球科学研究的热点

20 世纪 80 年代前，全球气候变化问题的严重性实际上并没有被人们所认识。直到 20 世纪 80 年代，人们认识到人类活动所带来大气中 CO_2 浓度急速增加，导致了全球变暖（图 1-10-1），并在全球范围造成了严重的影响，如旱涝气候灾害的加剧、大片土地干旱与沙漠化、粮食减产、水资源缺乏、生态环境恶化、海平面升高等，这才引起了人们对此问题的重视（Houghton，1998）。于是，从 20 世纪 80 年代以来，大气中 CO_2 等温室气体浓度的增加所引起的全球增暖问题已成为国际地球科学中重要的研究热点。最近几年，不仅在大气科学，而且在海洋科学、地理科学、生态科学、水文科学、地质科学和社会科学等相关领域都掀起了对它的研究热潮。

为应对全球气候变化所带来的挑战，国际社会已从研究全球气候变化的事实、特征、成因和趋势深入到研究全球气候变化及其对环境、生态、水资源、食品、人类健康等的影响，并制定了相关的国际条约的系列行动。为了评估全

球气候变化及其对全球环境的影响程度，WMO 和 UNEP 于 1988 年联合成立了政府间气候变化专门委员会（IPCC）。这个委员会邀请了世界各地的科学家按照一定程序对全球气候变化的事实、特征、成因和趋势及全球气候变化对全球环境、生态、水资源、食品、人类健康产生的影响展开评估，并分别于 1990 年、1995 年、2001 年、2007 年和 2014 年发表了五次评估报告（王伟光和郑国光，2010）。这些评估报告不仅评估了与全球气候变化相关的一些重要科学问题，如全球气温的变率及变化趋势、温室气体和气溶胶的辐射强迫对气候的影响过程和数值模型等，而且评估了气候变化对环境、生态、水资源、食品和人类健康的影响程度等。特别是 IPCC 在几次报告中都强调了人类活动引起的大气中 CO_2 浓度的上升可能是近 50 年全球变暖的主要原因（王伟光和郑国光，2010）。这些评估报告在联合国气候变化峰会的谈判中起到重要作用。

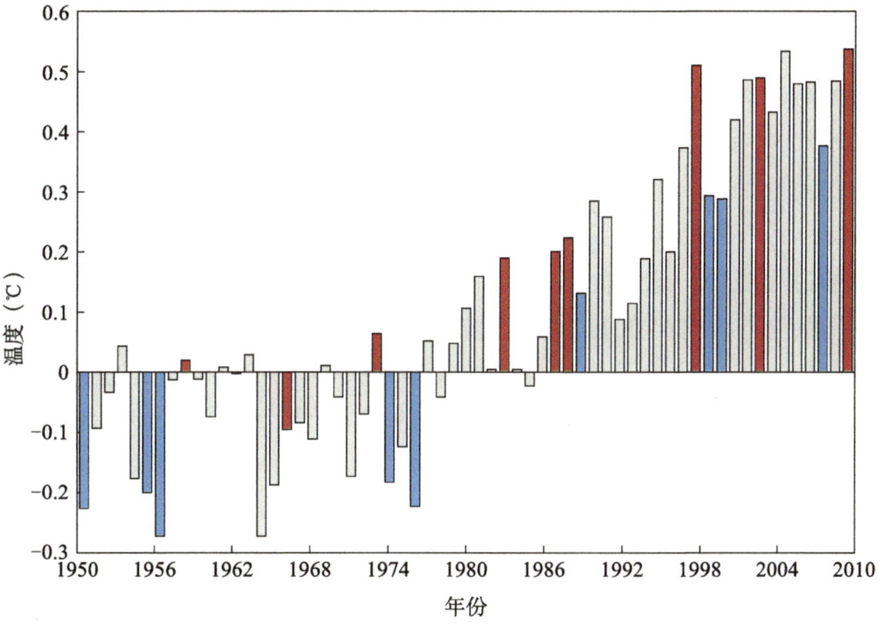

图1-10-1　1950~2010年北半球年平均气温距平的演变（WMO，2012）
气候平均态为1961~1990年平均值，红（蓝）色对应El Niño（La Niña）事件

二、认识到气候变化与生物圈变化有很大关系

在全球气候变化研究中一个重要的科学问题是气候变化与生物圈的相互作用。人们认识到大气中 CO_2 浓度的变化直接影响到全球气温的变化，而地球大

气中 CO_2 不仅仅是由人类工业生产所排放，它还与生物圈有很大关系。生物圈即能排放 CO_2，又能吸收 CO_2。然而，生物圈与气候变化的相互作用是很复杂的。一方面，生物圈不仅通过碳循环的作用对气候变化起到重要作用，植物能吸收 CO_2，有减少大气中 CO_2 的含量的作用，而且对地表的反照率、地表与大气之间的热量、水汽和能量的交换也有很大影响，因此生物圈对于气候变化有很大影响。另一方面，气候对于生物圈也有很大的影响，气候变化不仅影响气温、光照时间，而且影响土壤和大气的湿度和水分，这是一切生物赖以生存的三大基本条件。由于涉及生物过程，生物圈与气候变化的相互作用变得很复杂，国际上从 20 世纪 90 年代实施了国际地圈 - 生物圈研究计划（IGBP），这个计划大大促进了全球气候变化在世界各地的研究（IGBP，1995）。

三、认识到人类活动对气候变化有很大影响

人类活动对气候变化有很大影响，人类活动通过两种途径来影响大气中温室气体 CO_2、CH_4 等的浓度。一方面人类的工业生产和生活大量使用矿物燃料，排放大量 CO_2，并且在农业生产中也大量产生 CH_4，导致大气中温室气体不断增加。另一方面由于工农业生产和人类生活的需要又在大量毁林，致使吸收 CO_2 的过程减弱，这也使得大气中温室气体不断增加。大气中 CO_2 浓度的增加会使气温上升，这早在 19 世纪已被科学家所认识（Arrhenius，1896）。然而，大气中温室气体浓度上升对于全球增暖起到关键作用，这是 20 世纪大气科学家和其他领域科学家经过许多努力才取得的一个重要认识 (Manabe et al.，1994；Bengtsson，1997)。由气候数值模式所模拟的由大气中 CO_2 浓度增加所引起的北半球气温的上升与实况相近（Manabe et al.，1994）。

由于气候系统的不同，子系统在不同时间尺度上有着复杂而且经常是混沌的相互作用。因此，今后人类活动所产生的温室气体究竟会引起全球多大程度的增温，这还是一个至今都没有搞清的问题。即使现在有许多研究，但这些研究结果都各不相同，有很大的不确定性。这可能是今后大气科学和全球气候变化研究中一个重大科学问题。

为研究人类活动对气候变化的影响，在 21 世纪初，气候变化的研究不仅仅局限于利用物理气候系统模型，即只从大气、海洋、陆面、冰雪相互作用来研究气候的变化，而是从地球系统的大气圈、海洋圈、岩石圈、冰雪圈、生物圈和人类活动的相互作用来研究全球气候变化。因此，在 21 世纪初许多气候变化

研究机构应用地球系统数值模型来研究全球气候变化。

四、气候变化问题成为促进社会和经济可持续发展必须考虑的一个重要问题

全球气候变化及其影响不仅成为国际上重要的科学研究课题，而且已成为各国政府在制定政策与进行经济建设决策时必须考虑的一个重要问题。从20世纪90年代起，全球气候变暖及其影响不仅仅只停留在研究和评估上，而且已成为制定相关的国际条约等一系列外交活动的重要内容（张泉涌，2011）。特别是1992年6月联合国环境与发展大会上，许多国家已签署了“气候变化框架公约”，并于1995年3月在德国柏林召开缔约国第一次大会，确定了在议定书中发达国家温室气体排放的削减目标；1997年12月在日本京都召开了缔约国大会，通过了具有约束力的京都议定书，许多国家签订了此议定书。这些标志着全球气候变化问题已成为各国政府为促进本国社会和经济持续发展所必须考虑的一个重要科学和政策问题。

2007年12月在印度尼西亚巴厘岛召开的全球气候变化大会，提出了减缓全球变暖的巴厘岛路线图；2009年12月7~18日在丹麦哥本哈根召开的全球气候变化大会，制定了全球年均气温上升应控制2.0℃之内，并要求发达国家在2020年前对减缓温室气体排放应有量化目标，而发展中国家应说明适合国情的减缓变暖行动；2010年11月29日~12月10日在墨西哥坎昆召开的全球气候变化大会，讨论了如何降低温室气体的排放，以及如何筹集和分配为对抗全球变暖而设立的基金份额；2011年12月初又在南非德班召开了全球气候变化大会。这一系列的全球气候变化大会说明了气候变化问题不仅是世界各国政府促进社会和经济可持续发展必须考虑的一个重要问题，而且是国际外交讨论的焦点之一。

上述回顾了近百年大气科学和近几十年来全球气候变化的研究成就，可以看到，近百年来大气科学和几十年来全球气候变化研究取得许多重大成就，使得大气科学成为一门综合性学科。当前，大气科学和全球气候变化研究正在向更综合、更广泛、更深入的研究发展，正在从地球系统的大气、海洋、陆面、冰雪、生物圈和人类活动的相互作用来研究大气科学和全球气候变化。这说明今后大气科学和全球气候变化研究的发展将与地球/气候系统的研究密切相关。

参考文献

陈文，黄荣辉．1996a．中层大气行星波在臭氧的季节和年际变化中输运作用的数值研究．I．定常流的情况．大气科学，20：513-523．

陈文，黄荣辉．1996b．中层大气行星波在臭氧的季节和年际变化中输运作用的数值研究．II．波流相互作用的情况．大气科学，20：703-712．

陈文，黄荣辉，等．2000．关于中层大气动力学的研究进展与问题 // 国家自然科学基金委员会等．现代大气科学前沿与展望．北京：气象出版社：157-162．

陈文，魏科．2010．大气中准两年周期振荡现象及其影响．10000 个科学难题 (地球科学卷)．北京：科学出版社：732-735．

国家自然科学基金委员会．1995．大气科学．北京：科学出版社：196．

黄美元．1995．前景广阔的云和降水学以及人工影响天气 // 国家自然科学基金委员会等 . 现代大气科学前沿与展望 . 北京：气象出版社：122-124．

黄荣辉，岸保勘三郎．1983．关于冬季北半球定常行星波传播另一波导的研究．中国科学 (B 辑)，26：940-950．

黄荣辉．2001．大气科学发展的回顾与展望．地球科学进展，16：643-657．

黄荣辉，陈文，张强，等．2011．中国西北干旱区陆 - 气相互作用及其对东亚气候变化的影响．北京：气象出版社：356．

黄荣辉，李维京．1988．夏季热带西太平洋的热源异常对东亚上空副热带高压的影响及其物理机制．大气科学，特刊：107-116．

梁必骐．1995．天气学教程．北京：气象出版社：535．

林朝晖，赵彦，周广庆，等．2000．1999 年中国夏季气候的预测和检验．气候与环境研究，5：97-108．

吕达仁．2001．大气物理学二十世纪成就与 21 世纪展望 // 国家自然科学基金委员会．21 世纪初大气科学回顾与展望．北京：气象出版社：159-164．

邱金桓．2000．关于大气遥感研究的若干问题 // 国家自然科学基金委员会地球科学部等．21 世纪初大气科学回顾与展望．北京：气象出版社：176-179．

陶诗言．1980．中国之暴雨．北京：科学出版社：225．

王明星．1996．大气化学和全球气候变暖问题 // 国家自然科学基金委员会等．现代大气科学前沿与展望．北京：科学出版社：143-147．

王伟光，郑国光．2010．应对气候报告——坎昆的挑战与中国的行动．北京：社会科学文献出版社：34-39．

吴国雄，李伟平，郭华，等．1998．青藏高原感热气泵和亚洲夏季风 // 叶笃正．赵九章纪念文集．北京：科学出版社：116-126.

吴国雄，张永生．1998．青藏高原的热力和机械强迫作用以及亚洲季风的爆发 I. 爆发地点．大气科学，22：825-838.

郄秀书．2000．雷电研究进展及展望 // 国家自然科学基金委员会地球科学部等．21 世纪初大气科学回顾与展望，北京：气象出版社：189-192.

徐飞亚，黄荣辉．1996．气候系统动力学与气候预测是当代大气科学的一个前沿研究课题 // 国家自然科学基金委员会等．现代大气科学前沿与展望．北京：科学出版社：117-121.

许健民．2000．2000 年后气象卫星的发展趋势 // 国家自然科学基金委员会等．21 世纪初大气科学回顾与展望 . 北京：气象出版社：165-171.

叶笃正，高由禧．1979．青藏高原气象学．北京：气象出版社：279.

叶笃正，朱抱真．1958．大气环流若干基本问题．北京：科学出版社：159.

叶笃正．1996．关于全球变化的若干科学问题 // 国家自然科学基金委员会等．现代大气科学前沿与展望．北京：科学出版社：17-22.

曾庆存．1963a．大气中适应与演变过程．I．气象学报，02：163-173.

曾庆存．1963b．大气中适应与演变过程．II．气象学报，03：281-289.

张泉涌．2011．全球气候变近．台北：五南图书出版公司：229-241.

朱迅．1987．中层大气重力波的研究．气象学报，47：207-216.

Andrews D G, McIntyre M E. 1976. Planetary waves in horizontal and vertical shear: the generalized Eliassen-Palm relation and mean zonal acceleration. J. Atmos. Sci., 33：2031-2048.

Arakawa A. 1972. Design of the UCLA general circulation model. Tech. Rep. Dept. Metor.，17：116.

Arrhenius S. 1896. On the influence of carbonic acid in the air upon the temperature on the ground. The Philosophical Magazine, 41: 237-276.

Atkinson B W. 1981. Mesoscale Atmospheric Circulations. London：Academic Press.

Bengtsson L. 1997. Numerical simulation of climate change due to human's impact. AMBIO, 26（1）：48-65.

Bjerknes J. 1919. On the structure of the moving cyclone. Geof. Publ., 1（2）：8.

Bjerknes J, Solberg H. 1921. Meteorolgoical conditions for the formation of rain. Geof. Publ., 2（3）：60.

Bjerknes J. Solberg H. 1922. Life cycle of cyclone and the polar front theory of atmospheric circulation. Geof. Publ., 3（1）: 18.

Browning K A. 1982. Nowcasting. New York: Academic Press: 256.

Charney J G. 1947. The dynamics of long waves in a baroclinic westerly current. J. Meteor., 4: 135-162.

Charney J G, Eliassen A. 1949. A numerical method for predicting the perturbations in the middle-latitude westerlies. Tellus, 1: 38-54.

Charney J G, Fjortoft R, Von Neumann J. 1950. Numerical integration of the barotropic vorticity equation. Tellus, 2: 237-254.

Charney J G, Drazin P G. 1961. Propagation of planetary-scale disturbances from the lower into the upper atmosphere. J. Geophys. Res., 66: 85-109.

Chen W, Yang S, Huang R H. 2005. Retationship between stationary planetary wave activity and the East Asian winter monsoon. J. Geophys. Res., 11:D14110.

Dickinson R E. 1968. Planetary Rossby waves propagating vertically through weak westerly wind wave guide. J. Atmos. Sci., 25: 984-1002.

Eady E J. 1949. Long wave and cyclone wave. Tellus, 1: 33-52.

Edmon M J, Hoskins B J, McIntyre M E. 1980. Eliassen-Palm section for the troposphere. J. Atmos. Sci., 37: 2600-2617.

Galbally Ian E. 1989. The International Global Atmospheric Chemistry (IGAC) Program. A Core Project of the International Geosphere-Biosphere Program. ISBN: 0643050620.

Goody R M. 1964. Atmospheric Radiation. Oxford: Oxford University Press.

Horel J D, Wallace J M. 1981. Planetary-scale atmosphere phenomena associated with the Southern Oscillation. Mon. Wea. Rev., 109: 813-829.

Hoskins B J, Karoly D J. 1981. The steady linear response of a spherical atmosphere to thermal and orographic forcing. J. Atmos. Sci., 38: 1179-1196.

Houghton J. 1998. 全球变暖. 戴晓苏等译. 北京：气象出版社.

Huang R H, Gambo K. 1982. The response of a hemispheric multi-level model atmosphere to forcing by topography and stationary heat sources. I, II. J. Meteor. Soc. Japan, 60: 78-108.

Huang R H. 1992. The east Asia/Pacific pattern teleconnection of summer circulation and climate anomaly in east Asia. Acta Meteorologica Sinca, 6(1):25-37.

IGBP. 1995. Spatial extrapolation and modeling on IGBP transects. Global Change Report，36: 15-20.

Kandratiev K Y. 1969. Radiation in the Atmosphere. New York: Academic Press.

Kasahara A, Washington W M. 1971. General circulation experiment with a six-layer NCAR model including orography. Coldness and surface temperature calculations. J. Atmos. Sci., 28: 657-701.

Kuo H L. 1949. Dynamic instability of two-dimensional nondivergent flow in a barotropic atmosphere. J. Meteor., 6(2): 105-122.

Lindzen R S, Holton J R. 1968. A theory of the quasi-biennial oscillation. J. Atmos. Sci., 25: 1099-1107.

Liu Y M, Wu G, Hong J, et al. 2012. Revisiting asian monsoon formation and change associated with Tibetan Plateau forcing: II. Change. Climate Dynamics, 39 (5): 1183-1195.

Lorenz E N. 1963. The predictability of hydrodynamic flow. Trans. New York Acad. Sci., Ser. 2, 25: 409-432.

Lorenz E N. 1965. The predictability of a flow which processes many scale of motion. Tellus, 21: 289-307.

Lorenz E N. 1967. The Nature and Theory of the General Circulation of the Atmosphere. WMO，218, TP115：161.

Madden R A, Julian P R. 1972. Description of global-scale circulation cells in the tropics with a 40～50 day period. J. Atmos. Sci., 29: 1109-1123.

Maddox R A. 1980. Mesoscale convective complexes. Bull. Amer. Meteor. Soc., 61: 1374-1387.

Manabe S. 1969. Climate and the ocean circulation. I. The atmospheric circulation and the hydrology of the earth's surface. Mon. Wea. Rev., 97: 739-774.

Manabe S, Stouffer R J, Spelman M J. 1994. Response of a coupled ocean-atmosphere model to increasing atmospheric carbon dioxide. AMBIO, 23: 44-49.

Matsuno T. 1966. Quasi-geostrophic motions in the equatorial area. J. Meteor. Soc. Japan, 44: 25-43.

Matsuno T. 1970. Vertical propagation of stationary planetary waves in the winter Northern Hemisphere. J. Atmos. Sci., 27:871-883.

Matsuno T. 1971. A dynamical model of the stratospheric sudden warming. J. Atmos.

Sci., 28: 1479-1494.

Mintz Y. 1965. Very long-term global intergration of the primitive equations of atmospheric motion: An experiment in climate simulation. In Causes of Climatic Change, （1）: 20.

Nitta T. 1987. Convective activities in the western tropical Pacific and their impact on the Northern Hemisphere summer circulation. J. Meteor. Soc. Japan, 64: 373-390.

Phillips N A. 1956. The general circulation of the atmosphere-A numerical experiment. Quart. J. Roy. Meteor. Soc., 82: 123-164.

Reed R J, Rogers D G. 1962. The circulation of the tropical stratosphere in the year 1954~1960. J. Atmos. Sci., 19: 127-135.

Rossby C G. 1937. On the mutual adjustment of pressure and velocity disturbances in certain simple current system. I. J. Mar. Res., 1: 15-28.

Rossby C G. 1938. On the mult: adjustment of pressure and velocity disturbances in vertain simple current system. II. J. Mar. Res., 2: 239-263.

Rossby C G. 1939. Relation between variation in the intensity of the zonal circulation of the atmosphere and the displacements of the semi-permanent centers of action. J. Mar. Res., 2: 38-55.

Sato K, Dunkerton T. 1997. Estimates of momentum flux associated with equatorial Kelvin and gravity waves. J. Geophys. Res., 102(D22): 26247–26261.

Scherhag R. 1952. Die explosionsartigen stratospharener warmungen des spatwinters. 1951/52. Berichte des Deutchen Wetterdienstes in der US-Zone, 6（38）: 51-63.

Smagorinsky J. 1953. The dynamical influence of large-scale heat sources and sinks on the quasi-stationary mean motions of the atmosphere. Quar. J. Roy. Meteor. Soc., 79: 342-366.

Smith W L. 1970. Iterative solution of the radiation transfer equation for the temperature and absorbing gas profile of an atmosphere. Appl. Optics. 9: 1993-1999.

Jean-Noël T. 2012. Verification scores including polar verification. WGNE, ECMWF.

Vonder Haar T H, Suomi V E. 1970. Satellite observation of the earth's radiation budget. Science, 163: 667-669.

Wallace J M, Gutzler D S. 1981. Teleconnections in the geopotential height field during the Northern Hemisphere winter. Mon. Wea. Rev., 109: 784-812.

WMO. 1994. Scientific Assessment of Ozone Depletion. Project Report（No.37）. Geneva: WMO.

WMO. 1995. CLIVAR Scientific Plan. WCRP-89. Geneva:WMO / TD: 690.

WMO. 2012. Antarcic ozone bulletin. http://www.wmo.int/pages/prog/arep/WMO AntarcticOzoneBulletins2012.html[2015-5-30].

Wu G X, Liu Y M, Wang T M, et al. 2007. The Influence of mechanical and thermal forcing by the Tibetan Plateau on Asian climate. J. Hydro. Meteor.- Spec. Sect., 8: 770-789.

Wu G M, Liu Y M, He B, et al. 2012a. Thermal controls on the Asian summer monsoon. Nature_ Sci. Rep，2：404.

Wu G X, Liu Y M, Dong B W, et al. 2012b. Revisiting Asian monsoon formation and change associated with Tibetan Plateau forcing: I. Formation. Climate Dynamics, 39(5):1169–1181.

Yeh T C. 1949. On energy dispersion in the atmosphere. J. Meteor., 6: 1-16.

Yeh T C. 1957. On the formation of quasi-geostrophic motion in the atmosphere. J. Meteor. Soc. Japan, The 75th Anniversary Volume：130-134.

Yeh T C, Tao S Y, Li M C. 1959. The abrupt change of circulation over the Northern Hemisphere during June and October. Atmosphere and Sea in Motion, 249-267.

Yoshiok, Shingow, Kaorus, et al. 2010a. The roles of equatorial trapped waves and internal inertia–gravity waves in driving the quasi-biennial oscillation. Part I: zonal mean wave forcing. J. Atmos. Sci., 67(4): 963-980.

Yoshik, Shingow, Kaorus, et al. 2010b. The roles of equatorial trapped waves and internal inertia–gravity waves in driving the quasi-biennial oscillation. Part II: Three-dimensional distribution of wave forcing. J. Atmos. Sci., 67(4): 981-997.

Zeng Q C. 1963. The application of primitive thermo-hydrodynamic equations to short range weather prediction in a two-level model. Scientia Sinica, 12:402-424

Zeng Q C. 1983a. On the evolution and interaction of disturbances and zonal flow in rotating baroclinic atmosphere. J. Meteor. Soc. Japan, 60: 24-31.

Zeng Q C. 1983b. The evolution of Rossby-wave packet in a three-dimensional baroclinic atmosphere. J. Atmos. Sci., 40: 73-84.

小倉義光，1984. 一般気象学.東京大学出版社：314

第二章

我国近几十年来大气科学和全球气候变化研究的重大成就

第一节 引　言

我国地处东亚季风区，东临太平洋，西有世界上最高的高原——青藏高原。受季风、海洋、高原地理位置、地形地貌等因素的影响，我国气象灾害不仅频繁发生，而且种类多、影响严重，如干旱洪涝、高温酷暑、低温雨雪冰冻等气候灾害，以及台风、暴雨、寒潮、冰雹等天气灾害等。这些频发的多种气象灾害给我国人民生命财产、国家经济建设和社会发展带来了严重影响。并且，随着全球气候变暖，我国气象灾害有加剧的趋势。为防灾减灾，应对气候变化，国家特别重视大气科学和全球气候变化研究，在过去的几十年里，我国大气科学和全球气候变化的研究取得很大进展，特别在大气探测网的建设、东亚大气环流理论体系、青藏高原气象学、数值天气预报、暴雨和中小尺度气象学、大气物理学、大气环境和大气化学、气候动力学和预测、全球气候变化等方面的研究取得了重要进展。这同时也带动了我国气象行业和教育的迅速发展。

本章在许多学者关于我国大气科学和全球气候变化研究进展综述（中国气象学会，2008；中国科学技术协会，2010）的基础上简单回顾我国几十年来大气科学和全球气候变化的重大研究成就。

第二节 多尺度三维大气综合观测网的建立

大气观测网不仅是国家天气预报和气候预测的基础，而且为大气科学和全球气候变化研究提供所必需的资料。大气探测也是我国大气科学的重要分支，经过几十年的努力，目前我国大气探测正处于向大气综合观测发展（郭志梅等，2010；唐世浩等，2010；柴秀梅等，2010）。

一、已建成门类齐全的综合气象观测网

为满足我国社会发展和经济建设的需求，国家十分重视气象观测站的建设和探测手段的创新，使得我国大气探测技术取得显著发展和对地球观测系统的不断加强。当前，我国已经建成天基、空基和地基相结合，门类比较齐全，布局基本合理的综合气象观测系统。到 2011 年年底，我国已建成国家级地面观测站 2419 个，高空观测站 120 个，新一代天气雷达 172 个，固定式风廓线雷达 45 部。并且，地面气象要素实现自动观测，高空探测站使用 L 波段探空系统和国产 GPS 探空系统，建成了新一代多普勒天气雷达监测网，飞机气象观测和地基遥感探测系统发展迅速，全国雷电监测网初步建成，农业气象观测站网正在优化调整，气象应急移动观测系统发展迅速，以及气候观测系统建设得到大力推进。这个系统不仅为天气预报、气候预测和灾害监测提供了观测基础，而且为大气科学和全球气候变化研究提供了资料支持。

二、气象卫星遥感观测已成为我国气象业务和研究不可或缺的手段

我国气象卫星的研究和发射虽比先进国家晚，但发展快、起步高。如图 2-2-1 所示，我国已相继成功发射了 FY-1D、FY-2C 和 FY-2D 等五颗静止卫星和 FY-3A 和 FY-3B 等六颗极轨卫星，我国已成为世界上少数拥有静止和极轨业务气象卫星的国家之一。并且，我国气象卫星有效载荷有较大提升，实现了从单一遥感成像到地球环境综合探测，从光学遥感到微波遥感，分辨率从千米级到百米级的跨越。当前气象卫星遥感观测已经广泛应用于我国夏季风、南海季风

爆发、西北太平洋台风活动等的监测。我国气象卫星不仅在天气预报、气候预测、生态环境和自然灾害的监测中发挥了重大作用，而且在海洋、农业、水利、林业和环境保护等方面也得到广泛应用。

图2-2-1 风云气象卫星外观（图引自http://2011.cma.gov.cn/ztbd/20110104/20111105/[2015-5-30]）

我国气象卫星研究和发射的发展带动了我国卫星气象学的研究。当前，我国不仅在利用卫星遥感资料分析西北太平洋台风活动及登陆我国地点、监测暴雨，以及洪涝分布、寒潮活动、沙尘暴和雾霾天气和森林火灾等方面取得很大进展，而且气象卫星资料在数值天气预报中也得到广泛应用，提高了数值天气预报的精度和时效。此外，我国气象卫星资料在气候变化研究中的应用也正在逐步开展。因此，卫星气象学的研究在我国正方兴未艾。

三、气象雷达探测资料成为我国短时天气预报中重要的科学依据

由于天气雷达在天气预报中有重要应用，我国大气科学一直重视天气雷达的研发和应用。我国天气雷达走过一条从引进和消化吸收到改进自主研发的曲折道路，经历了从早期模拟信号的天气雷达逐步向数字化天气雷达和多普勒效应的新一代天气雷达发展旅程。到 2011 年年底，我国已建成了 172 个新一代天气雷达探测站（图 2-2-2），建成了覆盖全国的新一代天气雷达网，并实现了可以每 6 分钟数据实时传输和联网拼图。我国新一代天气雷达投入业务运行，使得我国对台风、暴雨等较大范围的强降水的临近预报准确率大大提高，并且能

尽早识别飑线、龙卷、下击暴流等强对流天气。此外，我国在激光雷达和风廓线雷达研制和应用研究也取得很大进展。

图2-2-2 我国新一代天气雷达站

第三节 东亚季风系统和大气环流的理论体系以及我国天气预报的理论基础的建立

1949 年以来，由于天气预报的需要，我国大气环流及大尺度动力学的研究取得许多重大研究成果，有些研究成果被国际气象界所重视（Huang et al.，1986；中国气象学会，2008；魏科和陈文，2010；吴国雄等，2013）。

一、东亚季风系统和大气环流的理论体系的建立

鉴于东亚季风对我国天气气候异常有严重影响，20 世纪 30 年代我国学者就提出东亚夏季风对我国降水有重要影响（竺可桢，1934）。之后，我国学者又研究了东亚夏季的进退对我国夏季雨带的季节内变化的影响（涂长望和黄仕松，1944）。这些研究开辟了关于东亚夏季风变化及其对东亚天气气候影响的研究之路。继他们之后，我国气象学家对东亚冬、夏季风环流系统的特征、变异及其对我国天气气候异常的影响做了系统研究，并提出东亚夏季风系统是与南亚季风系统既有联系又有区别相对独立的一个季风系统（Tao and Chen，1987）。

早在 20 世纪 50 年代，我国气象学家揭示了东亚大气环流结构与基本特征，指出了东亚行星尺度环流季节的演变是全球大气环流中最富有特征性的过程，发现东亚大气环流在 6 月和 10 月季节转换时会发生急剧的跃变（图 2-3-1）(Yeh et al.，1957，1959)，即季风环流季节变化的突变性，并计算了东亚大气环流各种物理量的平衡，从而证实了东亚大气环流季节变化的突变性。并且，许多学者揭示了冬、夏季风环流对我国的冬夏季天气气候的严重影响，以及东亚冬、夏季风的特征、结构和寒潮路径。我国学者所提出的东亚大气环流突变理论比国外一些气象学家所提出关于南亚季风和北澳季风爆发时环流转换的突变理论要早 15~20 年。这些理论不仅为我国天气预报奠定了基础，而且也开辟了我国关于大气环流的研究途经，奠定了东亚大气环流理论体系的基础。我国学者所撰写的《大气环流若干基本问题》是国际上最早有关大气环流专著之一（叶笃正和朱抱真，1958）。

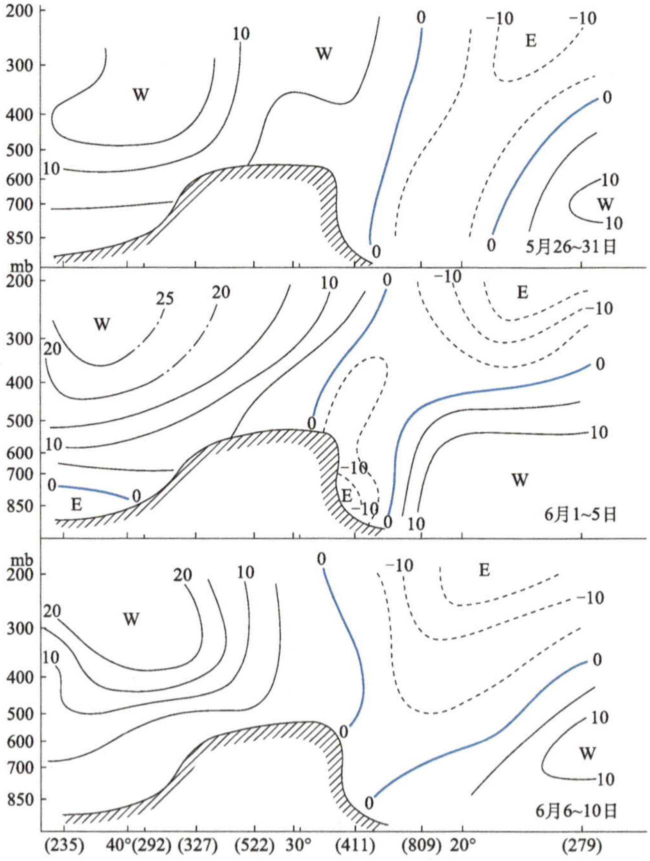

图2-3-1　东亚大气环流6月突变示意图(Yeh et al.，1957)

二、青藏高原气象学的建立

青藏高原位于我国西部，并且海拔高，因此对东亚天气气候影响大。我国气象学家早在20世纪50年代就开展了对青藏高原气象的研究。之后，我国学者对青藏高原开展了多次地－气相互作用的大型观测试验，计算和分析了青藏高原的热量平衡，在国际上首先提出夏季青藏高原是北半球一个强大的热源（图2-3-2），它对亚洲甚至全球大气环流和气候起着重要作用，特别对于东亚季风环流的形成起着重要作用，在国际上首先建立了“青藏高原气象学”，为国际开展青藏高原气象学研究奠定了理论基础（叶笃正和高由禧，1979）。近年来，我国大气科学家开展了关于青藏高原对东亚大气环流和气候影响的数值模拟，并从热力适应理论深入而系统地研究了青藏高原对亚洲季风爆发与变异的动力和热力作用(Wu et al.，2007)。

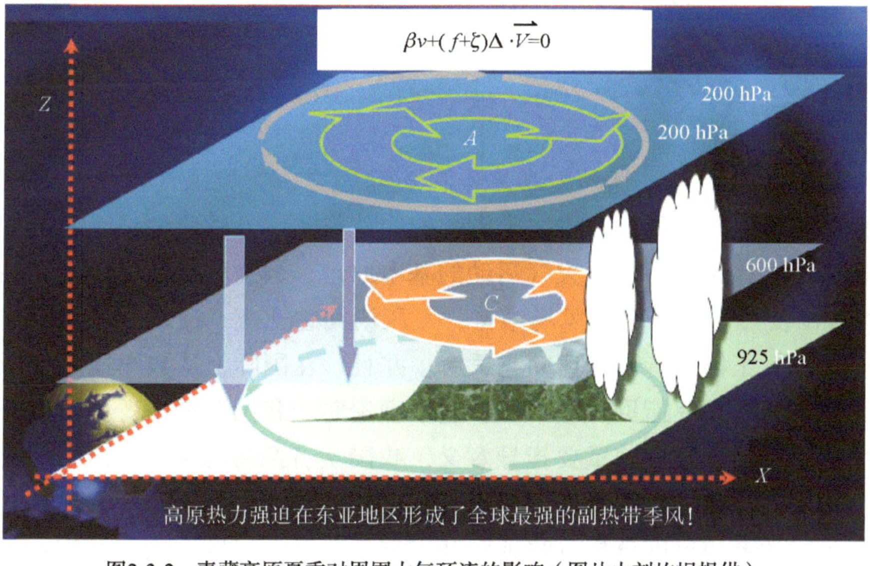

图2-3-2　青藏高原夏季对周围大气环流的影响（图片由刘屹岷提供）

近来，中国学者又开展了青藏高原对亚洲环境影响的观测研究，在国际上提出青藏高原上空夏季臭氧浓度比周围偏低，存在着“类臭氧洞”现象（周秀骥等，1995，2004）（图2-3-3）。并且，研究结果还表明了青藏高原是北半球对流层与平流层大气交换的重要通道。

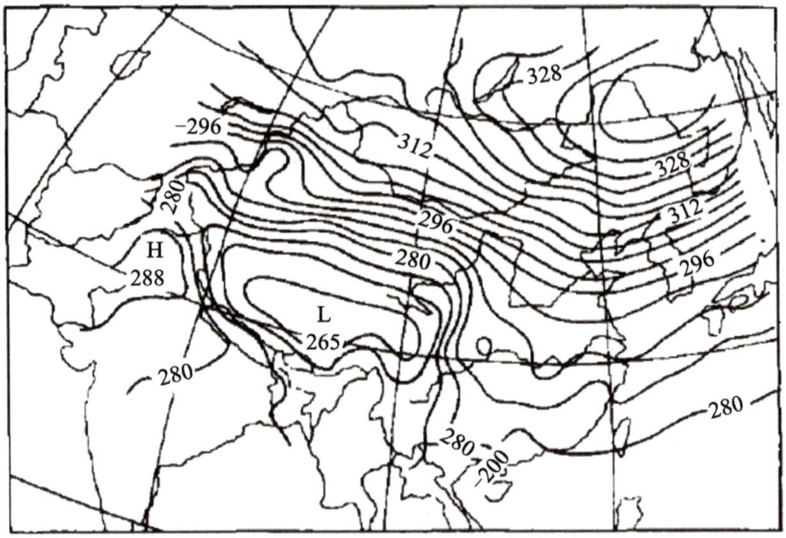

图2-3-3 1979～1991年9月青藏高原臭氧总量分布图（周秀骥等，1995）

三、地转适应过程的尺度问题的提出和证明

地转适应过程是大气动力学基本科学问题之一，我国气象学家对地转适应过程进行了全面的研究，建立了系统的线性与非线性适应理论。我国学者叶笃正在国际上首先提出一个大气运动的基本原理，当初始扰动小于某个临界值（即 Rossby 变形半径）时，风场维持，气压场同它适应；反之，若大于这个临界值时，则气压场维持，风场同它适应。并且，在国际上从数学原理上严密证明了此临界值就是罗斯贝变形半径。这个理论对于我国开展中、小尺度天气系统发生和发展的预报有着重要指导意义，我国学者撰写的《大气运动中的适应问题》是国际上专门论述地转适应过程的一本专著（叶笃正和李麦村，1965）。此后，我国学者用尺度分析方法证明和发展了关于大尺度运动中适应过程和演变过程在时间尺度和物理本质是可分的理论，并提出了大气运动的多时间尺度特征。在计算机速度尚不快的时代，此理论在数值天气预报中发挥了重要作用（曾庆存，1979）。同时，我国学者还研究了非线性适应问题，指出适应过程和流场的演变同时进行，并把适应过程与斜压不稳定天气联系起来。我国学者还提出在旋转球面上的旋转适应过程，即在一定条件下，非带状扰动和重力惯性波的能量最终能够全部被纬圈环流所吸收，向地球旋转作用适应。我国学者还针对边界层的大气运动提出了半地转气流的动力理论（伍荣生，1984）。

四、北半球定常槽脊形成及行星波传播和演变理论的提出

东亚大槽是控制东亚冬季风和我国冬季天气气候变化的主要环流系统，它的变化严重地影响了我国冬季天气气候变化。早在 20 世纪 40 年代我国学者就在研究大气环流半永久活动中心的形成问题（Jaw，1946）。50 年代我国学者就系统地研究了大地形与热源对形成大气中平均槽脊，即准定常行星波形成的作用。针对大气平均槽脊形成，国际上有的学者强调热源的作用，有的学者强调地形的作用，我国学者在国际上提出大气中平均槽脊的形成是由于地形和热源共同作用的结果（叶笃正和朱抱真，1958）。这一理论直到今天，国际上还在一直引用。近年来，我国学者在这方面作了不少研究，并进一步发展了这个理论，指出由于准定常行星波会往平流层传播，必须应用在垂直方向具有充分分辨率模式才能更好地研究定常行星波的产生机制，从而更好地说明大气中平均槽脊的形成。

并且，我国学者在准定常行星波动力学的研究取得很大进展，提出了准定常行星波在北半球冬季实际基本气流中传播存在着两支波导，即波从高纬度的对流层传播到平流层的极地波导，以及波从中高纬度对流层传播到低纬度对流上层的低纬波导。近年来，我国学者的研究表明了这两支波导在年际和年代际发生振荡，从而对东亚冬季风年际和年代际变化有严重影响。我国学者不仅提出行星波的螺旋结构，而且利用波包方法讨论了正压、斜压大气中行星波的演变特征，讨论了波在波状基本气流中的演变过程。此外，我国学者还利用摄动理论（WKBJ）方法研究了扰动的正压、斜压不稳定，并从扰动的能量变化提出不稳定的一般判据，同时，研究了非纬向基本气流中的不稳定，提出非地转不稳定现象等（曾庆存，1979）。这些理论对于国际大气动力学研究的进展做出了贡献。

五、对东亚天气系统动力过程进行了深入的研究

鉴于东亚天气系统演变的复杂性及预报的困难性，我国气象学家从 20 世纪 50 年代起就开始对影响我国天气过程的重要天气系统，如中高纬度西风带的阻塞高压、副热带急流、西太平洋副热带高压和对流层上层的南亚高压进行了系统的研究，特别是对我国夏半年天气有重要影响的气旋、东北低压等几类天气系统的动力过程进行了深入分析研究，提出了关于东亚天气系统动力过程的理

论（谢义炳，1956）。在 50 年代后期，我国学者提出了阻塞高压的建立、发展和崩溃过程及其对我国冬季寒潮活动影响的有关理论，这个理论对于提高我国秋、冬、春天气的短、中期预报有很重要的指导意义。并且，我国学者还发展了中高纬度的指数循环理论，这个理论对于中国天气的中期预报也曾经起到一定作用。此外，东北低压的发生、发展的动力过程，西太平洋副热带高压进退与维持及其对中国夏季天气的影响，南亚高压的变化特征及其对我国夏季天气的影响等理论都对我国天气预报准确率的提高有很大促进作用。

第四节　数值天气预报研究蓬勃发展

我国数值天气预报开始于 1956 年，是国际上较早开展数值天气预报的国家之一。50 年来，我国大气科学家在数值天气预报模式、数值计算方法、资料分析和同化及海 - 陆 - 气耦合模式的研究中取得了重要进展（中国气象学会，2008；沈学顺等，2010）。

一、建立了我国数值天气预报模式和业务系统

早在 1956 年我国就开始了数值天气预报的研究（顾震潮，1958），一直到 1965 年，这段时期是我国数值天气预报研究的黄金发展期，气象学者们对准地转模型做了深入研究。1959 年，利用中国科学院计算技术研究所的 104 计算机对此模型进行计算并向全国天气预报员发布数值天气预报试验产品。之后，我国数值天气预报的研究中断了十几年。从 1978 年开始，由于气象业务预报的需求，我国重启数值天气预报模式的研究，特别 1980 年之后，我国先后自主研制了 A 模式（3 层原始方程绝热模式）数值预报业务系统和 B 模式（含有简单物理过程 5 层原始方程模式）数值预报业务系统，并发展了有限区域数值预报业务系统。从 1984 年起，鉴于国际中期数值天气预报的发展及我国支撑条件的限制，我国采取了从先进国家整体引进中期数值天气预报的发展路线，从欧洲中期天气预报中心（ECMWF）引进了以全球谱模式为核心的中期数值天气预报系统，并于 90 年代投入业务预报。经过几次升级改进，先后研发了 T42L9、T63L16、T106L19、T213L31 全球数值预报业务系统，并在全国中期天气预报中发挥了重

要作用。从 2000 年起，我国数值天气预报从国外引进又转为自主研发。在我国数值天气模式专家的努力下，我国成功研制了新一代非静力数值天气预报系统，即新一代全球与区域同化及预报为一体的数值天气预报系统（GRAPS），它包括了非静力全球与区域预报模式、全球与区域变分同化系统。这个系统成为我国现在中期天气预报的主要预报模式，对中尺度降水和环流的预报具有很好的效果。

经过不断研发和改进，目前我国数值天气业务预报系统包括 T639L60 全球谱模式数值天气预报分系统、T213L31 全球中期集合模式数值天气预报分系统、GRAPS 中尺度区域数值天气预报分系统、台风集合数值预报分系统。数值天气预报系统正在为我国短期和中期的大尺度、中小尺度和台风天气的定量预报提供重要依据。

二、提出了在数值天气预报模式计算中广泛应用的计算格式和算法

我国大气科学很重视数值天气预报的数学物理基础的研究（曾庆存，1979），特别是一直重视数值预报模式中计算方法的研究。早在 1961 年我国大气科学家就以大气运动的适应理论为基础提出了“半隐式差分格式”，这个差分方案直到今天在世界上仍然被广泛采用。到了 20 世纪 80 年代初，我国科学家对完全守恒格式作了深入地研究，提出了“总能量守恒格式”，这格式保证了在时间离散条件下从任何初值开始计算都是稳定的，从而保证了大气环流和气候数值模式计算的稳定性。之后，在“总能量守恒格式”的基础上，又提出了显式完全平方守恒格式及把辛几何算法引入到大气、海洋数值模拟中。

并且，我国学者针对青藏高原大地形引起的地形坐标下气压梯度力难于精确计算而在国际上首先提出“静力扣除”（或标准层结扣除）的计算方法(曾庆存，1979)，由于这个方案可以使地形坐标下气压梯度力的计算得到很好的改善，被广泛应用于当代的数值天气预报模式中。

三、对天气气候的可预报性研究做出系统研究

大气并不是一个确定的动力系统，而是一个与海洋、陆地、冰雪等相互作用的复杂系统（丑纪范，2002），因此，天气气候的变化受诸多因素的影响，它的可预报性是天气预报和短期气候预测中重要的研究课题。鉴于此问题的重要

性，我国学者对此问题做出系统研究。我国学者提出用条件非线性最优扰动方法来研究大气变化的可预报性问题（Mu et al.，2003），并且，我国学者从信息论的观点提出将历史资料的有效信息引入数值模式中，把大气观测资料的统计和动力方程组相结合（丑纪范，2007），从而提高数值天气预报的可预报时效。

四、资料同化方法的研究取得明显进展

数值天气预报模式中必须有精确的初值，不仅需要观测站日常所观测的常规观测资料，而且需要如雷达、船舶、卫星遥感等非常规资料，因此，资料同化在数值天气预报系统中显得非常重要。很多研究表明先进的资料同化理论和方法的研究和应用是近十多年来国际数值天气预报准确率大幅度提高的重要原因。近年来，我国在数值天气预报研究中非常重视资料同化的研究，虽然研究起步较晚，但已取得很快进展，如研制了 Kalman 滤波方法和集合 Kalman 滤波（即 GRAPS-EnKF）的资料同化方案，近来又提出了观测映射三维变分资料同化方法及四维变分的四维资料同化方法。这些资料同化方法的应用使我国数值天气预报系统中初始场的质量有了很大的改善。

第五节　暴雨及中小尺度天气系统动力学和人工影响天气的研究发展迅速

受东亚季风、西太平洋暖池和青藏高原的影响，台风、暴雨、飑线等天气灾害在我国频繁发生，给我国国民经济和人民生命财产造成很大损失。因此，我国大气科学一直重视暴雨和中小尺度天气系统动力学及人工影响天气的研究，并取得许多研究成果（中国气象学会，2008；郭学良，2010；冯涛等，2013；赵思雄和孙建华，2013；高守亭等，2013）。

一、在暴雨等中小尺度天气系统动力学做出系统研究

在夏季，我国暴雨频发且伴随着严重洪涝灾害（图 2-5-1）。由于预报的需求，我国大气科学家很关注暴雨的观测、动力学及数值模式和数值模拟的研究，

对于我国各类暴雨的中尺度结构特征及其发生、发展的动力和热力过程有了深入而系统的认识。我国学者撰写的“中国暴雨”系统总结了我国有关暴雨的研究成果（陶诗言，1980）。近来发展了各种可以进行暴雨预报的有限区域模式，为暴雨发生的短期预报提供了很有效的数值预报模型。此外，我国科学家关于锋生理论作了深入研究（Wu et al.，2001），建立了半地转锋生理论、梅雨锋的弱斜压理论、湿位涡和倾斜位涡理论等。这些理论为我国暴雨和中小尺度天气系统的预报提供了科学依据。同时，也从理论上对于飑线的非线性特征做了深入地探讨。

图2-5-1　2014年7月11日四川省广安市遭遇暴雨的情形（图片由四川省气象局农业气象中心提供）

二、对西北太平洋台风天气学和气候学进行了深入研究

西北太平洋洋面是热带气旋生成的重要源地，平均全球热带气旋 38% 在此海域生成。热带气旋在西北太平洋生成以后，80% 将发展成热带风暴或台风。由于受东风气流、季风槽和西太平洋副热带高压的影响，西北太平洋生成的台风将移向中国、日本、韩国、菲律宾和越南，并在这些国家登陆，特别是在我国东南沿海登陆，给我国带来严重的经济损失和重大人员伤亡（图 2-5-2）。因此，我国大气科学界一直重视关于台风天气学的研究，不仅从分析、动力理论

和数值模拟，而且从卫星云图、雷达观测系统地研究了西北太平洋台风的生成、发展强度和移动路径及其台风登陆后造成的风和强降水灾害(陈联寿和丁一汇，1979)；同时，我国学者还开发了多种台风预报的数值模型，为我国对西北太平洋上台风活动的天气预报奠定了预报模型基础，使我国台风预报的水平达到较高水准，从而减轻了台风对我国造成的灾害。

图2-5-2 2006年8月10日“桑美”台风登陆我国浙江省苍南县时的情形（谢慷和颜家蔚，2006）

近年来，我国科学家在台风天气学研究的基础上，进一步开展西北太平洋台风活动（生成与路径）的气候学研究，系统地研究了西北太平洋利于热带气旋生成的大尺度环流型、季风槽对于热带气旋生成的动力作用及其机理、西北太平洋和南海台风活动的季节内、年际和年代际变化特征及其机理，以及在全球变暖背景下未来西北太平洋台风活动变化趋势的预估。这些研究为我国开展台风季度预测奠定了科学基础。

三、云降水物理的研究取得明显进展

云降水物理学是研究云产生、发展和降水形成的物理过程，它对于了解降水产生过程、暴雨发生过程及提高精细天气预报都有重要的科学意义。早在 20 世纪五六十年代我国大气科学界就从观测和理论方面开展了云雾物理的研究，提出了暖云降水微观物理机制的统计理论（周秀骥，1963）和积云动力理论（巢纪平和周晓平，1964）。近年来，观测技术和数值计算的发展进一步拓宽了我国云降水物理学的研究。它不仅在云结构与降水动力过程、对流系统产生机理、气溶胶对云雾和降水的影响等理论上取得重要进展，而且在精细分辨的云数值模式的研发上也取得很大进展。此外，我国近几年来用于云结构和降水探测的技术手段也得到迅速发展，毫米波雷达、偏振雷达、机载微波辐射计、机载云雷达和机载云粒子测量系统等许多先进的探测设备用于云结构和演变的观测和监测中，使我国对于云结构和降水过程的观测研究取得明显进展。

四、人工影响天气的研究发展迅速

人工影响天气是为避免或减轻一些气象灾害，在一定区域通过人工干预方式对局部大气的云物理过程进行影响。我国由于干旱灾害的严重性，许多地区开展了人工增雨作业以缓解作物的缺水状况。并且，雹灾在我国许多山区频发，对农作物造成很大危害。为避免灾害的损失，人工消雹也时常开展。近几年我国大气科学非常重视人工影响天气的研究，特别是数值模式在人工影响天气作业时对云演变的预报和识别、作业的效果评估及作业方法等应用得到很大发展；并且，研制了无人驾驶小飞机并在云物理探测和人工增雨作业时飞行，实现了对典型降水云系的云水资源状况的及时了解和增雨潜力的准时科学评估。同时，我国还建立了人工增雨示范区，并提出了主要降水云系人工增雨的科学概念模型，这些相关研究对我国人工增雨作业起到科学指导作用。此外，近来建立了将统计检验、物理检验和数值模式相结合的人工影响天气综合检验方法，这些研究不仅提高了我国人工影响天气的有效性，而且促进了云降水物理学的发展。

第六节　大气物理学研究有了长足的进步

我国大气物理学的研究具有悠久历史，从 20 世纪 50 年代起我国就开始了大气物理学的研究，60 多年来我国大气物理学的研究有了长足的进步，如今我国大气物理学的研究已覆盖了大气物理学的各领域。近年来，随着探测手段的进步，我国在大气物理学的各个分支领域都取得了重要的进展（中国气象学会，2008；毛节泰等，2010）。

一、深入开展了大气辐射学的研究

大气辐射学是大气物理学的基础，它不仅研究太阳短波辐射经过大气到达地面的吸收和反射过程，而且研究大气各成分的辐射与吸收特性及其相关的大气现象，是当前各种气象卫星和地球资源卫星探测原理的基础。早在20世纪七八十年代我国就开展了关于大气吸收光谱以及可见光和红外探测原理和反演的系统研究，为我国气象卫星的探测通道选取奠定了基础。并且，我国学者利用大气光谱的分布特性提出了用K分布代替谱线分布来计算大气辐射的透过系数，这样使大气谱段的透过系数的计算既简单方便又不失精确度，在气候系统数值模式中得到了广泛的应用（石广玉，2007）。近年来，我国学者又开展了沙尘对太阳短波辐射和大气长波辐射的散射作用，解释了沙尘暴对天气气候的“阳伞”效应。此外，我国在微波遥感原理和反演方法的研究也取得很大进展。

二、气溶胶-云-辐射研究不断发展

气候系统辐射收支的变化是驱动气候变化的原动力，而气溶胶和云是影响气候系统辐射收支中最重要也是最不确定的因子。气溶胶和云辐射特性及其辐射效应的观测和模拟是提高气溶胶和云气候效应认识的主要途径，是气候模拟和气候预测研究中非常重要的环节。气溶胶和云辐射特性及其气候效应的准确观测和模拟因其时空变化的复杂性而有很大难度，因而气溶胶和云辐射的观测和研究并进而改进其参数化方案是当前国际气候研究中的重要方向。近年来，针对我国气溶胶浓度高，气溶胶物理、化学、光学和辐射特性变化复杂及与云和辐射非常复杂的相互作用等特点，我国在气溶胶－云－辐射相互作用研究领域开展了大量基础性观测研究工作，并在我国华北、华东和华南等地组织了多个外场观测实验；并且，建立了多个地基气溶胶遥感监测网络，获得了大量气溶胶特性的观测数据，并结合卫星遥感和模式模拟等手段，比较系统地研究了我国气溶胶－云－辐射的时空变化特征及气溶胶直接和间接气候效应。这些研究成果对改进我国气溶胶和云辐射气候效应的模拟提供了宝贵基础数据。

三、大气边界层物理在观测和理论取得重要进展

大气边界层是指离地球表面约 1~2 km 高度的低层大气，它是大气与海洋、陆面、冰雪、生物圈发生相互作用的场所。同时，大气边界层是人类生活和生产活动的主要场所，故大气污染也主要发生在这里。由于大气边界层受地球表面的影响最大，该层大气有着区别于在边界层之上的自由大气显著不同的特征，如各种气象要素（气温、湿度和风速等）具有日变化较大、垂直梯度较大等特点。我国近年来在大气边界层综合观测系统的建设、边界层动力、热力过程等基础研究等方面都有了很大的进展，主要包括基于多个气象塔的边界层大气综合探测系统的建设（图 2-6-1），实现了大气通量、大气成分、气象场等参量的综合自动梯度观测，进一步完善了高性能超声风速仪和水汽脉动仪等综合观测系统，开展了包括高原、城市、农村、草地和戈壁沙漠等复杂非均匀下垫面边界层的科学观测试验（图 2-6-2）。我国边界层的研究不仅在理论和数值模式方面的研究取得很大进展，而且在陆面过程模式、城市边界层模式和大涡模式研究方面也取得了重要进展，特别是研究了城市复杂下垫面湍流相干结构和边界层阵风机理，以及非均匀下垫面大气边界层结构和交换过程，探讨了不同生态系统地 - 气湍流物质、能量交换规律及特征。此外，我国学者还研究了海洋大气边界层物理过程，实现了数值模式中的大气边界层参数化。

图2-6-1　中国科学院大气物理研究所的边界层大气综合探测系统

图2-6-2 我国西北干旱区敦煌戈壁下垫面边界层的观测场地

四、大气电学与强对流灾害性天气研究取得重要进展

大气电学主要研究电离层以下大气中发生的各种电学现象及其产生机理和与强对流天气系统相互作用的物理过程与机制，其中与雷电和雷暴云起电有关的科学问题一直是国际研究的前沿课题，也是我国大气电学的研究重点。针对雷电发生和发展的瞬时性及对地面设施和电子设备的致灾性，我国从研制先进的设备入手，通过开展有针对性的观测实验，在大气电学和雷电研究领域开展了大量研究工作，取得了重要研究进展。目前国内已自行研制了最新的 VHF 辐射源探测和三维定位系统，可以对雷暴内的闪电做到高时间分辨率的三维描述。并且，人工引发雷电也是我国一项十分有特色的研究工作，近年来研制了新型的人工引雷专用火箭，改进和完善了人工引雷放电电流的直接观测技术，以及近距离电磁场和光学测量技术等，从而在雷电物理过程和影响方面取得了重要进展。近年来我国学者在青藏高原及其周边地区的雷暴云电荷结构及闪电特征、雷暴云电荷结构和闪电开展了数值模拟，并在冰雹云、台风、飑线等不同强对流灾害性天气的闪电特征等方面取得了突破性认识，获得了发生在雷暴云上方的中高层大气放电事件的观测证据。此外，结合星载和地面全球雷电探测，研究了不同时间尺度上的闪电变化，如日变化、季节变化、年际变化等，并对闪电产生的 NO_x 进行了探讨。

五、中层大气物理过程及其与对流层大气相互作用的研究发展迅速

由于平流层和中间层大气对对流层天气气候变化起着重要作用，近年来，我国大气科学非常重视中层大气物理过程及其与对流层大气相互作用的研究，并取得很大进展，发展迅速（Lü et al. 2004）。我国不仅建立了探测基地对中层大气的重力波进行探测，而且对中层大气与对流层大气耦合和相互作用的动力、物理过程做出系统研究，特别是关于北半球冬季平流层与对流层通过准定常波和极涡而进行相互作用的研究取得重要研究成果。近年来，中层大气的化学过程及中层大气物理过程的数值模拟的研究正在受到重视。

第七节　大气环境与大气化学已成为政府和民众十分关心的研究领域

虽然我国大气环境和大气化学的研究起步较晚，但随着我国工农业生产的发展和城镇化进程的加快，工业排放的急剧增加和人民生活方式的改变导致了我国大气环境质量的下降，对人类生存环境带来严重的威胁，这不仅引起国家对大气环境和大气化学研究的重视，而且使得大气环境和大气化学成为民众和政府十分关心的领域。特别是近年来，我国华北、华东和华中等地区雾霾天气发生急增，大气中 PM2.5 及以下微细颗粒物的气溶胶浓度的上升引起大气能见度的下降，这不仅严重影响交通，而且严重影响人民身体健康和生存环境，因此，它已成为政府和民众都非常关切的科学问题。为此，中国大气科学家在大气化学与大气环境方面做了一系列研究并取得了很多新进展（中国气象学会，2008；张小曳等，2010；刘辉志等，2013）。

一、对我国大气污染物的演变做出系统的观测研究

为了研究大气环境的演变机制，我国不仅建立和健全了大气质量标识物质的地面观测网，而且加大了大气成分本底站建设力度，建设了国家级酸雨等监测网。这些观测网的建设使得我国在大气化学方面取得明显的研究进展。由于新技术、新方法的应用，观测内容不断扩展，观测精度不断提高，我国不仅已

初步获得了几个典型区域的主要温室气体本底浓度变化状况和地区间差异，而且开展多种温室气体的观测并初步反演部分物种的排放源。

研究表明，目前我国的颗粒物污染以沙尘天气和灰霾天气为两大典型特征，前者主要源自自然生态环境的破坏和失衡，而后者主要源自于人为排放的一次和二次细颗粒物；并且，许多研究还表明了沙尘天气有逐渐减少的趋势，但是细颗粒物污染趋于严重，从而导致灰霾天气显著增加。此外，近年来随着工业发展和汽车拥有量的持续增加，我国许多地区大气中挥发性有机物、氮氧化物和臭氧的排放量还在增长，进而导致以臭氧和二次有机颗粒物为标识的光化学污染有加重的趋势。

二、对大气化学反应机制也有一定的研究

我国是国际上水稻种植大国，甲烷的排放量较大，因此，早在 20 世纪 80 年代我国就对南方稻田甲烷排放做出系统的观测研究，对我国稻田甲烷排放量分布及规律进行了深入研究。并且，我国长江流域和华南是季风湿润区，由于工业排放的 SO_2 增多并与雨滴相结合，使得此区域的降雨往往是酸性雨。近年来，通过对我国酸雨监测网络所测的酸雨观测数据进行质量评估与订正，获得了可靠的酸雨数据集。分析表明我国东部从华南到华北东部大片区域酸雨加重，西南地区酸雨略有所减轻，重酸雨区未来有向东偏移的趋势。

近年来，我国在大气化学反应机制方面的研究也取得了不少进展。之前，我国在大气化学反应机理方面研究较薄弱，近年来，我国不仅引进吸收了国际上许多这方面的优秀研究成果，而且还开展了自主的研究，特别在包括二次有机气溶胶的非均相形成机制及氮氧化物的催化转化技术等方面取得进展。研究发现，高湿度可明显促进芳香烃光氧化形成二次有机气溶胶，液相氧化过程是挥发性有机物降解的一个重要途径。并且，通过对珠江三角洲大气复合污染问题的深入研究，发现已知的大气光化学机制缺少了一个主要的反应过程，从而严重低估了大气中 OH 的浓度水平，这对将来进行区域光化学污染的控制具有重要意义。此外，在分子氧对黑炭的光化学老化研究方面也取得了重要研究进展，研究表明太阳光能够激发空气中分子氧对黑炭的老化过程。为了应对全球变化，近来在我国还开展了碳、氮、磷循环等方面的研究。

三、大气质量模式研制迅速发展

为了预报我国大气质量及其演变并对大气污染进行一定程度的调控，我国在空气质量数值模式研发方面已经取得了不少进展。特别最近 10 多年来，我国不仅引进消化国际上先进的大气污染扩散模式，而且积极发展有自主知识产权的数值模式。我国学者自主开发了我国区域空气质量模式（NAQPMS 模式），并在此基础上发展了空气质量多模式集合预报系统，使我国空气质量预报有了长足的进步，并成功用于我国重点城市一些重大活动时空气质量的预报，如在北京奥林匹克运动会、上海世界博览会和广州亚洲运动会期间空气质量的预报服务。并且，我国还研发了城市空气质量模式和多尺度空气质量模式（RAMS-CMAQ），这两个模式主要用于东亚地区或我国城市群区域大气气溶胶、臭氧和前置物演变过程和其后环境效应方面的模拟研究，取得很多有意义的结果。

四、气溶胶与气候相互作用观测和模拟研究已取得一定成绩

近年来随着工业排放和汽车尾气排放急剧增加，我国华北、华东和华中大气中气溶胶，特别是空气中 PM2.5 及以下微细颗粒物含量急速增加，它不仅严重影响人民身体健康，而且还影响气候的变异。我国学者不仅通过对大气气溶胶特性的短期强化观测和长期业务观测研究了我国不同区域大气气溶胶物理、化学和光学特性及其变化，而且还从观测和数值模拟系统研究了气溶胶与季风的相互作用过程及其机理。研究表明季风对气溶胶浓度有重要的影响，不仅季风降雨导致的湿沉降和季风期间跨赤道气流带来的较清洁的空气对中国气溶胶的季节变化有决定性作用，而且近年来冬、夏季风的减弱对于我国东部、中部和北部气溶胶的集聚有很大作用，在弱季风年中国东部气溶胶浓度比强季风年高。这个研究受到国际的重视。

气溶胶对季风也会产生影响，我国学者研究表明气溶胶不仅通过对太阳光的散射影响大气温度而直接影响季风，而且它还通过作为云的凝结核对季风降水产生影响。此外，研究还表明由于气溶胶散射太阳光使地表面温度降低，而在大气边界层顶加热大气，使大气趋于稳定而减弱局地环流。

第八节　气候动力学和气候预测研究迅速发展

我国是全球气候灾害严重的国家，每年夏季旱涝、酷暑、冬季低温雨雪冰冻等极端气候给我国经济和人民生命财产带来严重损失，因此，我国大气科学界非常重视气候动力学和气候预测的研究。20 世纪 80 年代，国际上提出世界气候研究计划（WCRP）以后，我国科学家积极参与这个研究计划，先后组织了一系列与气候变异与预测有关的研究项目，并在全球与东亚气候变异动力学和我国极端气候发生成因及其机理，以及短期气候预测方面取得可喜的进展（中国气象学会，2008；任国玉等，2010；丁一汇等，2013；李建平等，2013）。

一、提出导致我国冬夏季极端气候发生的东亚气候系统

由于我国夏季旱涝、酷暑等极端气候的严重性，我国学者从东亚夏季风的变异系统地研究了我国夏季旱涝气候灾害发生成因及其机理，并在国际上首先提出东亚夏季风环流系统的概念（图 2-8-1）。并且，我国学者从纬向和经向环流及其垂直风切变，降水云系、水汽输送和时空变化特征等方面指出东亚夏季风系统与南亚夏季风系统的差别，从而提出东亚季风系统是与南亚季风既有联系又有区别、相对独立的亚澳季风系统中的一个子系统。并且，我国学者从东亚冬、夏季风的季节内、年际和年代际变化特征来解释我国冬、夏季极端气候的发生成因。同时，我国学者还提出“东亚季风气候系统”的概念，从而把东亚季风从环流概念扩展到海－陆－气相互作用的耦合气候系统概念。此外，我国学者在动力学上还提出从沿东亚经向传播东亚 / 太平洋（EAP）型和沿欧亚副热带上空纬向传播的“丝绸之路”型遥相关和准定常行星波传播波导振荡解释了东亚冬、夏季风系统年际和年代际变异的机理。

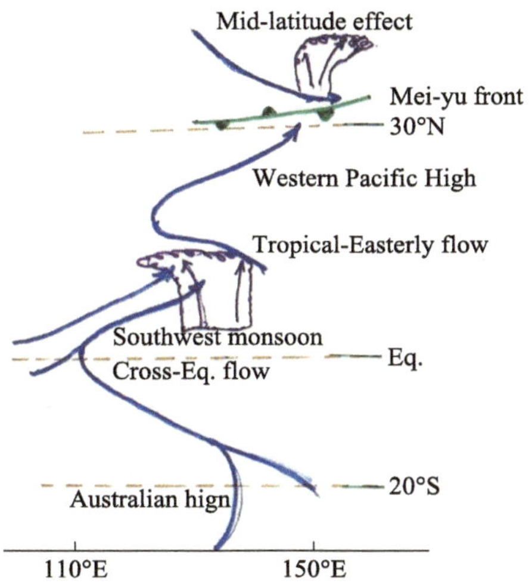

图2-8-1 东亚夏季风环流系统成员示意图（Tao and Chen，1987）

二、西太平洋暖池对热带太平洋ENSO循环热力作用研究取得重要进展

西太平洋暖池是具有全球最高海温的区域，它是热带 Walker 环流上升支区域且暖湿空气在此海域上空强烈辐合，并引起了强盛的对流活动和降水，因而它是全球海－气相互作用最剧烈的海域。我国一直关注西太平洋暖池的研究，不仅是国际 TOGA 研究计划主要参加国，而且也是最近国际“西北太平洋海洋环流与气候试验”（NPOCE）（Wang and Hu，2010）计划主要发起国之一。此研究计划的主要科学目标是：揭示西太平洋暖池西边界流结构；进一步了解暖池与周围环流系统的相互作用过程，认识西太平洋暖池维持和变异过程与机理和揭示暖池区域海－气相互作用及其气候影响。我国气象学家和海洋学家合作对于西太平洋暖池海－气相互作用和海洋环境要素探测取得重要进展。并且，关于 ENSO 循环动力学，早在 80 年代我国学者就参与 TOGA/CORE 的研究计划，对 TOGA/CORE 的研究计划的实施做出重要贡献，提出海－气耦合波对 ENSO 事件的发生起到重要作用（巢纪平，2009）；之后，我国学者从观测事实分析和动力理论提出西太平洋暖池次表层热力异常及其上空纬向风异常对 ENSO 循环的重要热力和动力作用，并指出亚洲季风在 ENSO 循环也起到相当大的作用。我国学者关于西太平洋暖池对热带 ENSO 循环的动力、热力作用做了系统的研究，提出西太平洋暖池上空对流层环流和纬向风异常通过赤道波动异常来影响 ENSO 循环的动力过程。

三、对西太平洋暖池对东亚季风系统和西北太平洋台风活动的影响进行了深入研究

鉴于西太平洋暖池对东亚季风和我国极端气候变异的重要作用，西太平洋暖池对东亚夏季风和我国夏季气候变异有重大影响，我国学者多年来对于西太平洋暖池热力变异对亚澳季风和西北太平洋台风活动的影响及其机理做了系统研究，提出西太平洋暖池热力变异对东亚夏季风和我国夏季极端气候的季节内、年际和年代际变异的影响，并指出这个影响主要通过东亚 / 太平洋（EAP）型遥相关。最近，我国学者深入研究了西太平洋暖池热力变异对西太平洋上空季风槽，以及热带气旋和台风的影响及其机理，表明西太平洋暖池热力变异通过影响季风槽的位置和强度从而影响西北太平洋热带气旋和台风的生成和移动路径。

由于西太平洋暖池对东亚天气和气候变异有重要的热力作用，我国有关部门特别重视西太平洋暖池海 – 气相互作用及其对东亚季风和我国夏季气候异常影响的研究。在科学技术部国家重点基础研究发展计划（“973”计划）和“气候变化研究专项”的规划和资助下，已陆续出台了一系列有关西太平洋暖池的流系变异及其对东亚和热带西太平洋气候影响的项目，如“亚印太交汇区海 – 气相互作用及其对我国短期气候影响”“基于 Argo 的上层海洋结构、变异及预测研究”“热带太平洋环流与暖池的结构特征、变异机理和气候效应”“上层海洋对台风的响应和调节机理研究”“太平洋、印度洋对全球变暖的响应及其对气候变化的调控作用”“全球变暖背景下的海洋响应及其对东亚气候和近海海储碳的影响”等；并且，在国家自然科学基金重大项目资助下实施了“太平洋低纬度西边界上层环流结构、变异规律与动力学机制”的相关研究。此外，还有国家公益性行业（气象）科研专项项目“西太平洋暖池与近海对东亚季节 – 年际气候异常的影响”等。这些项目中有不少项目在西太平洋暖池及周边海域开展了或正在开展海 – 气相互作用外场试验（图 2-8-2），并获得许多有关此海域海流及海 – 气相互作用的观测资料。通过这些项目的实施不仅对于西太平洋暖池的流系及结构有了进一步的了解，而且对此海域海 – 气相互作用及其气候效应也进行了深入而系统的研究。

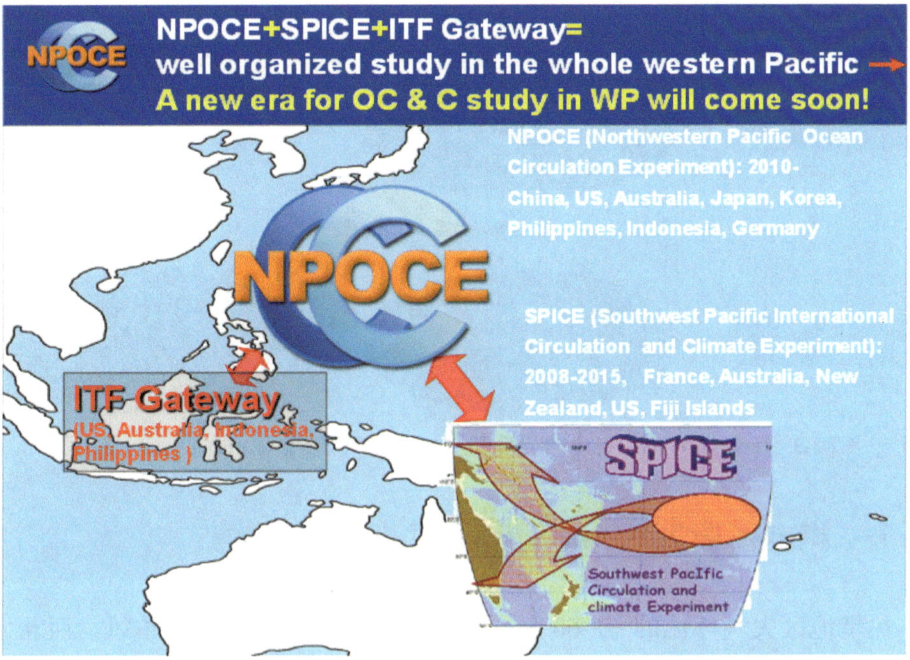

图2-8-2　中国在西太平洋暖池及周边海域开展的海–气相互作用外场试验示意图(Hu，2012)

我国大气科学科学家还与海洋科学科学家合作，进一步深入研究西太平洋暖池热力变异及其对东亚季风和西北太平洋台风活动，以及对我国极端气候的影响过程及其机理，并取得更重大的成果。

四、揭示了热带太平洋ENSO循环对东亚季风和我国极端气候的影响及其机理

我国大气科学学者很早就关注 ENSO 循环特征及其对我国极端气候发生影响的研究。早在 20 世纪 80 年代我国学者就提出海洋大气耦合波动对 ENSO 循环的动力作用，并指出厄尔尼诺（El Niño）事件有两类，东部增温型和中部增温型，这两类增温型对气候变异有不同影响（Fu et al.，1986）；并且，我国学者提出 ENSO 循环不同阶段对我国夏季旱涝极端气候发生有不同影响。特别是我国学者提出在 El Niño 成熟期时，热带西太平洋将出现反气旋环流异常，由于反气旋的西部是偏南气流，加强了东亚夏季风，从而提出 ENSO 循环对东亚气候异常的延迟影响机理。最近从观测事实的分析及动力理论探讨不同类型 ENSO 循环对东亚夏季气候变异的不同影响的过程及其机理 (图 2-8-3)。

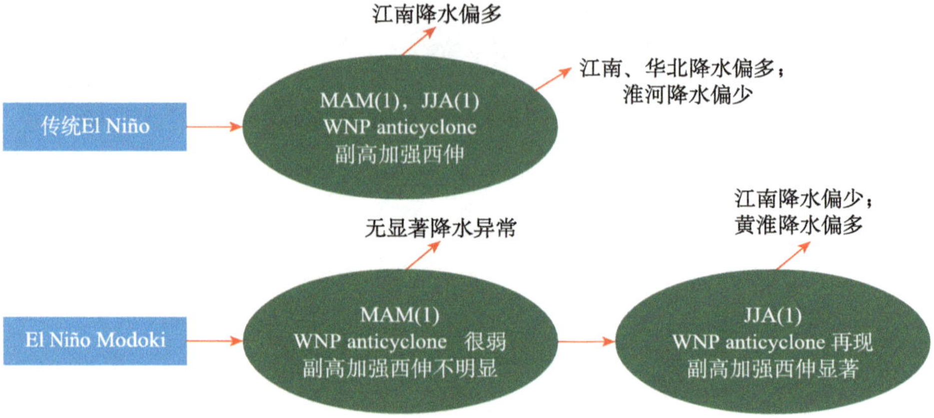

图2-8-3 两类ENSO事件对我国春夏季旱涝影响及其机理示意图（Feng et al., 2011）

五、提出热带低频振荡机理及其对亚洲季风影响

热带地区大气环流的30~60天振荡及准双周振荡对于亚洲季风、西北太平洋台风和我国夏季旱涝极端气候的发生有重要影响。我国大气科学界从20世纪80年代起就很重视热带地区低频振荡及其对东亚季风和我国夏季旱涝极端气候发生的影响和机理，不仅提出低频振荡位相对于南海夏季风爆发有重要影响，而且从CISK（第二类条件不稳定）-Roosby波和Kelvin波，以及从对流耦合波动说明了低频振荡的产生机理（李崇银，1991)。近年来，我国许多研究表明了热带低频振荡的不同位相对中国夏季降水和西北太平洋台风活动有不同影响，特别是提出了长江流域持续性暴雨的发生与孟加拉湾的低频振荡东北向传播有密切关系。与此同时，我国学者的研究表明了准双周振荡对于台风路径也有重要影响。

六、关于东亚不同典型下垫面能量和水分循环变异对我国极端气候影响及其机理的研究取得可喜的成果

我国东临太平洋，东部是季风湿润区，西部有沙漠、戈壁典型干旱区及草原、黄土高原等半干旱区，西南部有青藏高原的高寒区等不同下垫面，其中干旱和半干旱区面积约占中国陆地国土总面积的52.5%。由于不同下垫面的能量和水分循环及陆－气相互作用不同，并对东亚季风和我国极端气候异常有着不

同的影响，为此，我国从20世纪90年代起陆续在南海海洋、华南和淮河流域等季风湿润区、草原和黄土高原半干旱区、西北戈壁和沙漠典型干旱区和青藏高原的高寒区开展陆面过程，特别是能量和水分循环过程的观测试验，并取得许多宝贵观测试验资料。我国学者很早就在国际上提出青藏高原雪盖对于长江中、下游地区夏季降水有重要影响。近年来，我国学者系统地研究和总结了西北干旱区陆－气相互特征，指出了春夏季西北干旱区具有高感热特征，并是欧亚大陆最高感热中心，它对周围大气环流的变异起了“热垫”作用，对于东亚夏季风和中国东部夏季旱涝有重要作用（图2-8-4），并从动力理论来说明其机理（Zhou and Huang，2010）。并且，我国学者还揭示了陆－气耦合在东亚气候变异及我国极端气候发生中的作用，指出高原和西北干旱区的植被和陆面过程的变化对东亚夏季风和我国东部极端气候发生有很大影响。

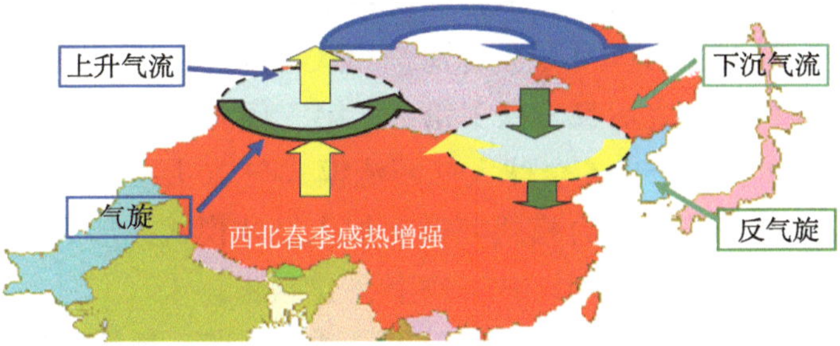

图2-8-4　我国春季感热加强对华北降水减少影响示意图（周连童和黄荣辉，2008）

七、我国短期气候数值预测模型和短期气候预测系统的研究发展迅速

由于极端气候发生给我国经济和人民生命财产造成重大损失，我国大气科学家一直重视短期气候预测方法的研究（巢纪平等，1977），提出了许多基于短期气候变化规律和成因的经验预测方法或统计预测方法，并在日常业务预测中应用且收到一定的预报效果。我国动力气候数值模式始于20世纪80年代，经过20多年的努力，我国在大气环流数值模式、海洋环流数值模式、陆面过程数值模式，以及海－陆－气－冰耦合气候数值模式的研究中取得重要进展。

（1）二层原始方程格点大气环流模式。在20世纪80年代我国就自行设计了我国第一个大气环流模式，即二层原始方程格点谱式（IAP AGCM-1模式），此模式不仅能较好地模拟大气环流变化，而且能较好地预测我国夏季旱涝气候异常。在此模式的基础上又发展并改进成为IAP AGCM-2L模式，并参加了一些国际气候模式的比较计划。与此同时。我国研究机构和业务部门又合作发展了大气环流谱模式。

（2）高分辨率海洋环流模式。在海洋环流模式方面，我国于1989年自行研制了4层热带太平洋海洋模式，之后又分别发展成14层和20层热带海洋模式和高分辨率的L30T63全球海洋模式，现在一个比L30T63有更高分辨率的LICOM全球海洋模式能够较精细地模拟全球海洋的变化。

（3）多种陆面过程模式。在陆面模式方面，我国科学家研发了两个在国际上具有影响力的陆面过程模式，即大气－植被相互作用模型（AVIM）和多孔介质混合扩散陆面过程模式（IAP94），IAP94是后来国际上广泛应用的通用陆面过程模式（CLM）的三个主要蓝本之一。

（4）耦合气候系统模式。在耦合气候系统模式方面，我国于20世纪90年代初就把二层IAP AGCM与4层全球海洋模式相耦合，从而建立了中国第一代海－气耦合气候模式，之后又发展了第二、第三代海－气耦合气候模式。第二代海－气耦合模式是L15R15全球大气环流模式与20层全球海洋模式的耦合；第三代耦合模式是第二代耦合模式基础上加入极冰模式，形成了海－陆－气－冰耦合模式，并先后参加了多次IPCC气候评估报告。

（5）短期气候业务预测系统。鉴于我国夏季旱涝、酷暑和冬季低温雨雪冰冻灾害的严重性，我国很早就开展了短期气候数值预测模型的研究，提出了2层和9层短期气候数值预报模式，并取得良好的关于我国夏季旱涝分布的预测效果。并且，在21世纪初，我国就自主研制了第一代短期气候业务预测系统。此系统是在对中国短期气候变异特征、规律及预测信号研究的基础上，重点研制了动力气候数值模式和统计－动力学方法相结合的综合短期气候预测新技术，并建立了我国第一代集气候监测、预测、影响评估和服务为一体的业务系统。这个预测系统使我国短期气候预测准确率有了很大提高。

第九节　应对气候变化研究发展迅速

由人类活动引起的全球气候变化已成为当今各国政府和民众关心的重要问题，亦是世界外交讨论的一个焦点。随着全球气候变化，我国极端气候的发生也在加剧。为给国家在气候变化国际大会上提供有更多的话语权，以及满足国家应对气候变化和防灾减灾的需求，我国大气科学家从 20 世纪 80 年代就重视并积极开展全球气候变化及其影响和适应研究，并取得许多研究进展（秦大河和何勇，2010；丁一汇等，2013；周天军等，2013）。

一、对IPCC历次评估报告做出重要贡献

中国大气科学家和其他有关学科的科学家一起积极参与 IPCC 报告的编写，不仅多次组织编辑和出版关于气候变化的国家评估报告，系统地总结了国内有关气候变化的事实、特征、成因、预测和影响的研究结果，而且多名专家积极参加 IPCC 评估报告的编写，引用了不少我国有关全球气候变化的研究成果，对历次 IPCC 评估报告做出重要贡献。

二、重视全球气候变化的基础性研究

为应对全球气候变化，国家非常重视全球气候变化的基础性研究，并建立专项，投入大量资金，对全球和东亚区域气候变化的特征、机理和趋势做出大量研究，取得许多优秀的研究成果。例如，对于全球变暖热带降水型的变化趋势，国际上有的学者提出湿更湿，有的学者提出暖更湿，我国青年学者从理论上提出对于全球变暖今后热带降水型的变化趋势应是两者结合，这一研究在 *Nature* 子刊发表。并且，中国科学家深入研究了陆地生态系统碳循环过程、碳储量、净吸收和净排放变化及其机理。此外，在气候变化基本数据方面也做了大量工作，如建立了我国东部近 500 年旱涝等级，近 50 年中国月平均气温和降水等资料数据集等，在全球变化研究中发挥了重要的作用。

三、重视气候变化影响、适应及脆弱性的研究

全球气候变化已严重影响我国的气候、生态、环境、水资源和人民身体健康，因此，与大气科学有关的许多部门积极开展气候变化对粮食生产、水资源、生态环境和人民身体健康的影响的研究，初步建立了全球气候变化对水资源和生态环境影响的数值模型；并且，积极开展我国农业生产和水资源利用如何适应于全球气候变化的研究及开展可再生的风能、太阳能的详查和评估工作。特

别是近年来重视开展适合中国国情的情况下，社会经济发展对全球气候变化影响数值模型的研究，提出了未来我国温室气体的排放情景。

四、全球气候系统数值模式的研制取得显著效果

为应对气候变化，争取在世界气候峰会上有更多的话语权，我国大气科学界一直重视全球气候系统数值模型的研究与开发，特别是中国科学院大气物理研究所气候系统数值模式一直参加 IPCC 历次气候变化评估报告，并且北京师范大学、清华大学和国家气候中心的数值模式也参加了 IPCC-AR4 和 IPCC-AR5 的评估报告。与国际其他气候数值模式的模拟结果相比，我国气候数值模型对于夏季西太平洋副热带高压的北进，东亚夏季季风雨带向北推进过程有较好的数值模拟效果，因此，可以用我国研究机构发展的气候系统数值模型对未来东亚季风和中国气候变化趋势进行评估。

当前，我国气候系统数值模型的研究正在实现从物理气候系统数值模型到地球系统数值模型的过渡，这个模型不仅包括了大气环流模型、海洋环流模型、陆面过程模型、冰雪和海冰与大气相互作用数值模型、生物圈与大气相互作用数值模型，而且还包括陆地和海洋生物化学过程及生物地球化学过程。当前我国大气科学界正在积极推进地球系统数值模拟装置研制计划的落实，若地球系统数值模拟装置能够建成，地球系统数值模型的研究就能取得很快进展。

五、加强减缓气候变化的对策研究

减缓气候变化是当今国际气候谈判的主题，为了减缓气候变化和本国的经济和社会的可持续发展，我国近年来加强了减缓气候变化的对策研究。我国不仅建立和完善了大气中包括 CO_2、CH_4 等温室气体浓度的监测系统的建设及分析各种温室气体浓度和提出工农业生产中各种排放源，而且提出了温室气体的减排技术评价指标体系，特别是提出了减少工农业 CO_2、CH_4 等主要温室气体排放的对策和建议，为国家参与国际上应对气候谈判提供科学依据。

本章简单综述了我国几十年大气科学和全球气候变化的重大研究成就。这些重大成就带动了我国气象行业和教育的迅速发展，并使得我国成为国际上气象大国。当前由于国家防灾减灾及应对气候变化对大气科学和全球气候变化研究的重大需求，我国大气科学和全球气候变化研究正面临许多重大科学问题的

挑战，今后 5~10 年是我国大气科学和全球气候变化研究发展的战略机遇期。因此，我们应适应国际大气科学和全球气候变化的研究趋势，根据国家的需求，提出具有综合性、前瞻性大气科学和全球气候变化研究的重大科学问题，为使我国尽快从大气科学和全球气候变化研究的大国变成国际大气科学和全球气候变化的研究强国奠定基础。

参考文献

柴秀梅，潘新民，杨金红，等．2010．雷达气象研究 // 中国科学技术协会．大气科学学科发展报告．北京：中国科学技术出版社．

巢纪平，等．1977．一种长期数值天气预报方法的物理基础．中国科学，2：162-172.

巢纪平，周晓平．1964．积云动力学．北京：科学出版社．

巢纪平．2009．热带大气和海洋动力学．北京：气象出版社．

陈联寿，丁一汇．1979．西太平洋台风概论．北京：科学出版社．

丑纪范．2002．大气科学中的非线性与复杂性．北京：气象出版社．

丑纪范．2007．数值天气预报的创新之路——从初值问题到反问题．气象学报，65：673-682.

丁一汇，孙颖，刘芸芸，等．2013．亚洲夏季风的年际和年代际变化及其未来预测．大气科学，37:253-280.

冯涛，黄荣辉，陈光华，等．2013．近年来关于西北太平洋热带气旋和台风活动的气候学研究进展．大气科学，37:364-382.

高守亭，刘璐，李娜．2013．近几年中尺度动力学研究进展．大气科学，37:319-330.

顾震潮．1958．天气数值预报中过去资料的使用问题．气象学报，29（3）：176-184.

郭学良．2010．人工影响天气研究 // 中国科学技术协会．大气科学学科发展报告．北京：中国科学技术出版社．

郭志梅，梁海河，宗曼晔，等．2010．大气探测研究 // 中国科学技术协会．大气科学学科发展报告．北京：中国科学技术出版社．

李崇银．1991．大气低频振荡．北京：气象出版社．

李建平，任荣彩，齐义泉，等．2013．亚洲区域海 – 陆 – 气相互作用对全球和亚洲气候变化的作用研究进展. 大气科学，37：518-538.

刘辉志，冯健武，王雷，等. 2013. 大气边界层物理研究进展. 大气科学，37：467-476.

毛节泰，赵春生，郄秀书，等. 2010. 大气物理研究 // 中国科学技术协会. 大气科学学科发展报告. 北京：中国科学技术出版社.

秦大河，何勇. 2010. 气候变化研究 // 中国科学技术协会. 大气科学学科发展报告. 北京：中国科学技术出版社.

任国玉，肖子牛，闫宇平，等. 2010. 气候研究 // 中国科学技术协会. 大气科学学科发展报告. 北京：中国科学技术出版社.

沈学顺，薛纪善，纪立人，等. 2010. 数值预报研究 // 中国科学技术协会. 大气科学学科发展报告. 北京：中国科学技术出版社.

石广玉. 2007. 大气辐射学，北京：科学出版社.

唐世浩，张鹏，张志清，等. 2010. 卫星气象研究 // 中国科学技术协会. 大气科学学科发展报告. 北京：中国科学技术出版社.

陶诗言. 1980. 中国之暴雨. 北京：科学出版社.

涂长望，黄仕松. 1944. 夏季风进退. 气象杂志，18：1-20.

魏科，陈文. 2010. 动力气象研究 // 中国科学技术协会. 大气科学学科发展报告. 北京：中国科学技术出版社：86-102.

吴国雄，段安民，刘屹岷，等. 2013. 关于亚洲季风爆发的动力学研究的若干近期进展. 大气科学，37:211-228.

伍荣生. 1984. 半地转气流的动力学特征. 中国科学 B 辑，2：185-192.

谢慷，颜家蔚. 2006. 惊世狂飙“桑美”备忘录. 气象知识. 2006，5：16-21.

谢义炳. 1956. 中国夏半年几种降水天气系统的分析研究. 气象学报，27：1-23.

叶笃正，高由禧. 1979. 青藏高原气象学. 北京：气象出版社.

叶笃正，李麦村. 1965. 大气运动中的适应问题. 北京：科学出版社.

叶笃正，朱抱真. 1958. 大气环流若干基本问题. 北京：科学出版社.

曾庆存，1979. 数值天气预报的数学物理基础. 北京：科学出版社.

张小曳，孙俊英，周凌晞，等. 2010. 大气化学研究 // 中国科学技术协会. 大气科学学科发展报告. 北京：中国科学技术出版社.

赵思雄，孙建华. 2013. 近年来灾害天气机理和预测研究的进展. 大气科学，37：297-312.

中国科学技术协会. 2010. 大气科学学科发展报告. 北京：中国科学技术出版社.

中国气象学会．2008．大气科学学科发展回顾与展望——纪念改革开放 30 年．北京：气象出版社．

周连童，黄荣辉．2008．中国西北干旱、半干旱区感热的年代际变化特征及其与中国夏季降水的关系．大气科学，32：1276-1288．

周天军，孙丹，薛峰．2013．气候系统模式 FGOALS-S2 对南半球气候的模拟和预估．大气科学，37：499-517．

周秀骥，李维亮，陈隆勋，等．2004．青藏高原地区大气臭氧变化的研究．气象学报，62:513-527．

周秀骥，罗超，李维亮，等．1995．中国地区臭氧总量变化与青藏高原低值中心．科学通报，40：1396-1398．

周秀骥．1963．暖云降水微观物理机制的统计理论．气象学报，33：97-107．

竺可桢．1934．东亚季风与中国降水． 地理学报，1：1-28．

Feng J, Chen W, Tam C Y, et al. 2011. Different impacts of El Niño and El Niño Modoki on China rainfall in the decaying phases. Int. J. Climatology, 31: 2091-2101.

Fu C B, Fletcher J, Daiz H. 1986. Characateristics of the response of sea surface temperature in the central Pacific association with warm episodes of the Sourthern Oscillation. Mon. Wea. Rev., 114: 1716-1738.

Hu D. 2012. Keynote speech. Qingdao: Open Science Symposium on Western Pacific Ocean Circulation and Climate.

Huang R H, et al. 1986. The advances in the studies on general circulation and large-scale dynamics and their prospects for the years of 2000. Adv. Atmos. Sci., 3: 263-278.

Jaw J J. 1946. The formation of semipermanent centers of action in relations to the horizontal solinoid field. J. Met., 3: 103-114.

Lü D, Yi F, Xu J. 2004. Advances in studies of the middle and upper atmosphere and their coupling with the lower atmosphere. Adv. Atmos. Sci., 21: 361-368.

Mu M, Duan W S, Wang B. 2003. Conditional nonlinear optimal perturbation and its application. Nonllin. Processes Geophys, 10: 493-501.

Tao S Y, Chen L X. 1987. A review of recent research on the East Asian summer monsoon in China// Cheng C P, Krishnamurti T N. Monsoon Meteorology. Oxford: Oxford University Press.

Wang F, Hu D X. 2010. Introduction to international NPOCE program. Chinese J. Oceanology & Limnology，28：953.

Wu G X, et al. 2007. The influence of the mechanical and thermal forcing of the Tibetan Plateau on the Asian climate. J. Hydrometeorology, 8: 770-789.

Wu R S, et al. 2001. Mechanism of balanced flow and frontogenesis. Adv. Atmos. Sci., 18: 323-324.

Yeh T C, et al. 1957. On the general circulation over Eastern Asia. I. Tellus, 9: 432-446.

Yeh T C, Tao S Y, Li M C. 1959. The abrupt change of circulation over the Northern Hemisphere during June and October. The Atmosphere and the Sea in Motion, 249-267.

Zhou L T, Huang R H. 2010. The interdecadal variability of summer rainfall in northwest China and its possible causes. international Journal of Climatology,30(4): 549-557.

第三章

重大问题一：灾害性天气和气候发生机理及其预测

第一节 引 言

我国地处东亚季风区，东临太平洋，西有世界上最高的高原。如图 3-1-1 所示，受东亚季风、西太平洋暖池和青藏高原等的影响，我国天气气候灾害不仅

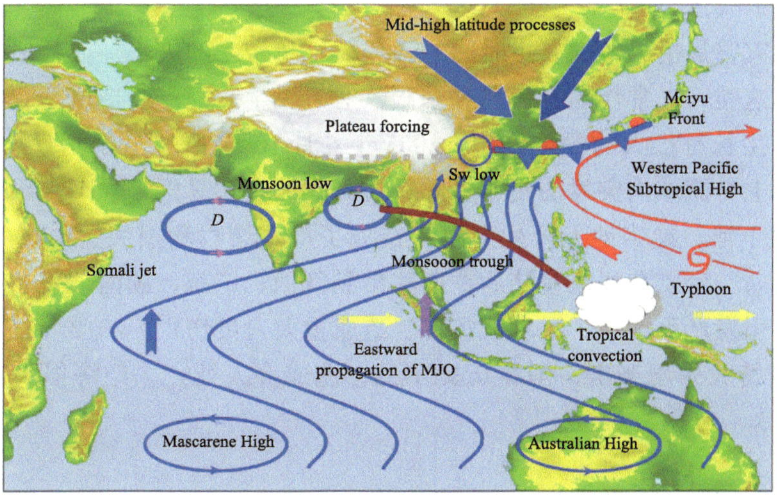

图3-1-1　东亚夏季风环流示意图(张庆云和陶诗言，1998)

种类多，而且发生频率高，是国际上气象灾害最严重的国家之一。气象灾害每年给我国造成约 2000 亿元的经济损失和 200 亿 kg 的粮食损失，气象灾害造成的经济损失约占我国自然灾害总损失的 71%（图 3-1-2），在 20 世纪 90 年代气象灾害造成的损失可占到国民经济生产总值 (GDP）的 3%~6%。近年来，随着全球气候变暖，我国不仅夏季旱涝、酷暑、冬季低温雨雪冰冻等气候灾害在加剧，而且台风、暴雨等突发性天气灾害频繁发生，如 2010 年我国由于各种天气气候灾害造成了 4000 多亿元的经济损失，4000 多人死亡和失踪。

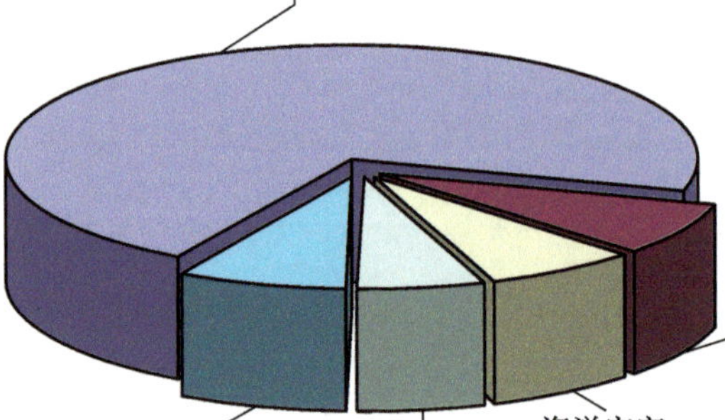

图3-1-2　我国各种主要自然灾害造成的经济损失所占自然灾害总损失比例图（资料来源于国家民政部、国家气候中心）

一、我国天气灾害的严重性

天气灾害是指局地性、短时间的强烈天气所带来的灾害，如台风、暴雨和雹灾等。这类天气常伴随有强风和暴雨，对人民生命财产会造成严重威胁，并对农作物生长有很大的毁坏作用。2005 年 6 月 10 日下午，黑龙江省宁安市沙兰镇西北上游流域内突发历史罕见的、短时间的特大暴雨，强降水出现后迅速形成山洪下泄，给当地人民生命财产造成了严重伤亡和损失。2006 年 7 月 14 日“碧丽斯”台风在福建登陆后往西移动到江西、广东、湖南一带，导致特大暴雨，并引发严重滑坡、泥石流灾害，造成重大人员伤亡。2012 年 7 月 21 日，北京遭遇特大暴雨袭击，雨量历史罕见，造成多人死亡，经济损失近百亿元（图 3-1-3）。

图3-1-3　北京2012年7月21日特大暴雨发生时高速公路受淹的情形（图引自新华网）

二、我国气候灾害的严重性

气候灾害则是大范围、长时间的气候异常所造成的灾害，如长时间气温偏高、偏低，或降水量偏多、偏少等，这些气候异常会带来干旱、洪涝、低温、冷害和沙尘暴增多等灾害。这些灾害对农业、工业、牧业、水利、交通等产生巨大影响，常常造成巨大的经济损失，尤其是旱涝气候灾害是造成我国农作物受灾面积最大的两种灾害（图 3-1-4）。例如，1998 年夏季长江流域汛期降水比常年偏多 100%，造成全流域严重洪涝，致使 3000 多人死亡和 2600 亿元的经济损失。2008 年 1 月发生在中国南方的低温雨雪冰冻灾害造成 1516 亿元以上的重大经济损失和百余人员死亡（图 3-1-5）。事实上，天气灾害和气候灾害常常结合在一起，如持续性暴雨往往造成流域性洪涝灾害。

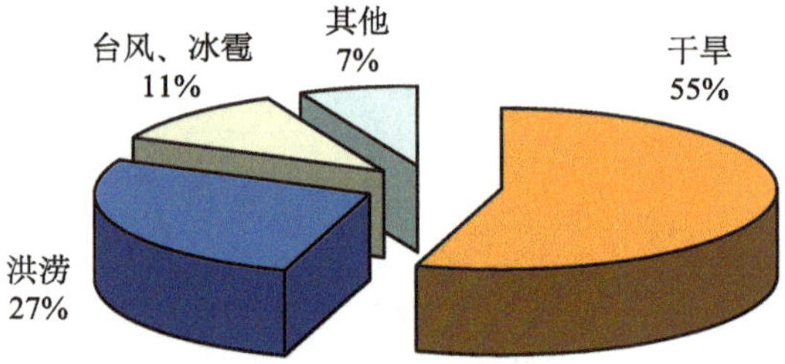

图3-1-4　1989~2002年平均各类气象灾害引起的受灾面积占受灾农作物总面积的百分比（资料来源于国家气候中心）

图3-1-5　2008年1月我国南方低温雨雪冰冻灾害发生时的情景（图引自新华网）

三、灾害天气气候预报预测水平有待进一步提高

与发达国家气象预报水平相比，我国对灾害性天气的预报水平还有一定的差距。尤其对台风、暴雨、冰雹、强雷暴等灾害性天气的短时预报还缺乏比较准确的数值模式，对这些突发性气象灾害的预警系统还没有普遍开展且缺乏必要的技术支持。并且，我国短期气候预测准确率尚不稳定，离国家需求还有一定的差距。如图 3-1-6 所示，我国汛期（6~8 月）降水预测的评分还很不稳定，特别对于严重洪涝还不能进行准确预测，如 1999 年长江下游的严重洪涝和 2003 年夏季淮河流域的严重洪涝未能很准确地预测出。当然，气候预测是世界性难题，提高短期气候预测准确率还需要加大投入和研究。

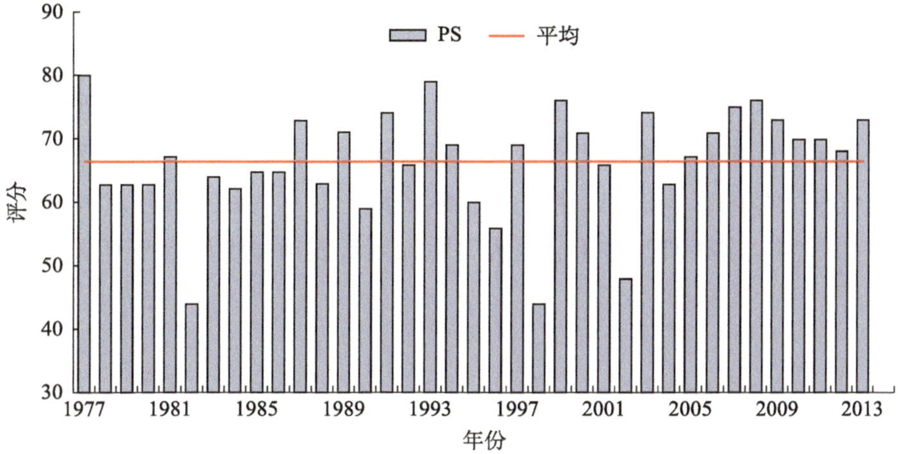

图3-1-6 国家气候中心历年汛期降水预测评分（1977～2013年）（资料来源于国家气候中心）

从上可见，开展天气灾害和气候灾害的形成机理和预测理论的研究，提高灾害的预测水平，从而减轻气象灾害造成的经济损失，不仅是我国国民经济建设中亟须的研究课题，而且已成为当前国际大气科学的前沿研究问题。鉴于我国天气气候灾害的严重性和成因的复杂性及提高灾害预测和预报的迫切性需求，灾害性天气和气候发生机理及预测是我国大气科学和全球气候变化研究中最重大的科学问题。

第二节 国际研究动态

一、实施大型研究计划，深入认识灾害性天气气候发生成因

提高天气气候预报和预测准确率是减轻气象灾害造成损失最有效的途径。虽然天气预报和气候预测水平已经有了长足的进步，但是不断提高天气预报和气候预测的准确率，扩展预报预测服务内容，仍是当代大气科学面临的一项紧迫而艰巨的研究任务。为此，国际上相继实施了不少大型研究计划，以便提高天气气候灾害的预报和预测水平。从 20 世纪 90 年代开始并执行 15 年的国际气候变动及可预报性研究计划（CLIVAR），其基本科学目标就是认识全球海洋－大气－陆地耦合气候系统的季节、年际、年代际的变化规律及其可预测性。世

界上许多国家，如中国、美国、日本、欧盟各国、澳大利亚、印度等都执行这个研究计划，并结合本国实际，提出了相应的国家 CLIVAR 计划。

这个大型的国际研究计划的实施，使人们不仅深入认识了灾害性天气气候发生的成因，而且深入理解了全球气候系统中各子系统之间的相互作用对灾害性天气气候发生的影响机理，特别是揭示了海－陆－气相互作用对气候灾害形成的重要影响。这些研究对于提高灾害性天气气候预报预测水平有很大的促进作用。

二、大量预测试验证明了海-陆-气耦合气候模式对气候变异季度预测的有效性

正如上面所述，CLIVAR 计划的一个重要成果就是认识到高分辨率海－陆－气耦合气候模式对短期气候变异季度预测的有效性，特别是认识到海－气耦合模式大大提高了 ENSO 循环的预测能力及利用有限区域气候模式对气候和水文变动的降尺度（downscaling）预测的有效性。国际上通过许多耦合模式对气候变异季度预测试验结果表明：利用热带太平洋海表温度距平（SSTA）做气候变异的季度预测有一定预测技巧，但对热带外降水预测效果并不一致，有的模式有一定的预测技巧，有的模式则预测效果不佳。当前，英国气象局的哈德利气候预测与研究中心（MOHC）、欧洲中期数值天气预报中心（ECMWF）、德国的普朗克气象研究所（MPI）、美国国家气候和环境预报中心（NCEP）、澳大利亚气象局气候预测中心、中国国家气候中心（NCC），以及亚太地区气候预测中心（APEC）等都在开展气候异常的季度预测试验，并进行准业务预测。这些研究中心的季度气候异常的预测产品为国际上很多国家季度气候异常的业务预测提供很好的参考，证明了海－陆－气耦合气候模式对于季度气候变异预测的有效性。但是，从目前进展看，耦合气候模式对气候变异的季度预测仍处于预测试验阶段，模式结果只能作为气候变异业务季度预测的一个参考，与把它作为正式业务预测结果来发布还有一定的距离。

全球大气－海洋－陆面耦合气候数值模式的空间分辨率一般都较粗，它难于描述区域尺度的变异，因此 20 世纪 90 年代以来高分辨率区域气候数值模式迅速发展起来。许多预测试验表明：采用高分辨率区域气候数值模式与全球气候模式相嵌套对于提高区域气候变异季度预测水平是一种很有效的方法。

三、采用观测-预报相结合及超级集合预报技术大大提高了高影响天气的预报水平

为了能够更有效地预报高影响天气，世界气象组织（WMO）和世界天气研究计划（WWRP）于2003年提出了“全球观测系统研究与可预报性试验”（THORPEX）计划，并于2005年在全球正式启动。这个计划的目的是提高从1天到两周的高影响天气过程的预报精度，以便满足社会、经济和环境各方面的需求；推进观测-预报交互系统技术及多预测中心、多模式的超级集合预报技术。这些技术的运用可以大大提高了高天气的可预报性。

四、发展“无缝隙”天气气候预报新概念

2004年ICSU、WMO和国际海洋学委员会（IOC）在WCRP基础上提出一个为期10年（2005~2015年）的地球系统观测与预测协调试验计划（COPES）。通过这个试验计划，不仅将加强高分辨率的（包括大气、海洋、陆面、水文和生态系统及人类活动等）地球系统数值模式的研制，而且将加强对包括大气、海洋、岩石圈、生物圈的地球系统中的气候、水文、化学和生态等过程的观测，以便能做到“无缝隙”的天气气候预报，符合自然界天气气候变化的“不间断性”特征，从而对引起高影响天气气候事件的发生能够做出更准确的预报预测。

当前，国际上许多国家都把高影响天气气候事件发生成因和预报作为本国大气科学首要的研究课题。为此，国际上召开了许多有关高影响天气气候成因及预报预测的研讨会议，以便提高高影响天气气候事件的预报准确率；并且，高分辨率区域预报模式已经在世界上许多国家的天气预报中应用；此外，一些先进国家正在发展天气气候一体化模式，朝着天气气候的无缝隙预报（seamless）方向发展。这些都有助于将对高影响天气和极端气候事件的发生做出更准确的预报。

第三节　亟须开展研究的科学问题

天气气候灾害的发生是与气候系统的变化和异常有关，天气气候灾害的形

成机理与预测理论的研究主要通过大量的气候系统各分量的观测资料分析，应用现代统计方法和动力理论诊断研究其动力、热力过程，运用当今数学、物理学最新成就研究其机理，并利用巨型计算机来模拟其发生过程，以便利用数值模式预测其不同时间尺度的变化。因此，今后关于我国天气气候灾害的形成机理及预测亟须研究以下几个科学问题。

一、东亚气候系统变异与我国重大天气气候灾害的关系

东亚天气气候主要受东亚气候系统的影响，它不仅只受东亚上空随季节明显变化的季风环流系统的影响（Tao and Chen，1987），而且也受海洋、陆面、冰雪和高原等组成的东亚气候系统的影响（Huang et al.，2007）。如图 3-3-1 所示，这个系统包括：①在大气圈中有亚洲季风环流（包括冬、夏季风）、西太平洋副热带高压和中纬度扰动等；②在海洋圈中有西太平洋暖池和热带印度洋的热力变异和热带太平洋 ENSO 循环等；③在岩石圈中有青藏高原对季风的动力、热力作用、欧亚积雪（特别是青藏高原积雪）、干旱和半干旱区的地 - 气温差以及极冰等。因此，今后要搞清我国天气气候灾害的形成机理并提出相应的预报预测理论不仅要搞清大气中不同尺度的环流系统变异的动力、热力过程，而且还必须深入研究东亚气候系统的性质、各成员变异的时空特征及其与我国灾害天气气候发生的关系。

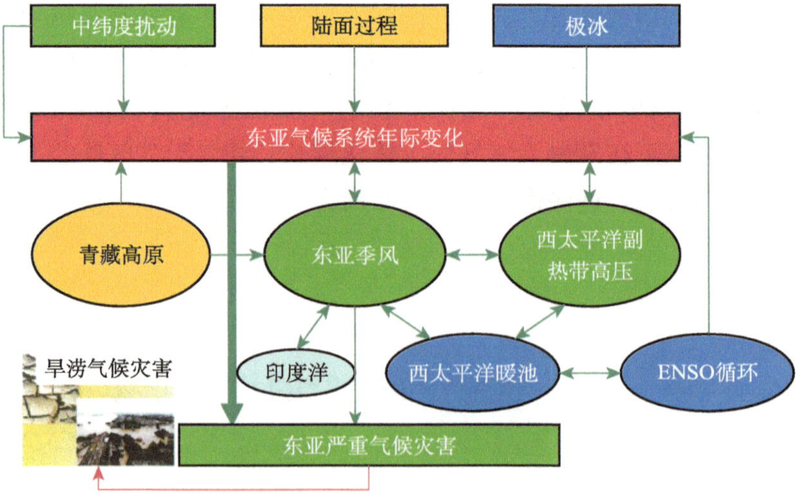

图3-3-1　东亚气候系统主要成员示意图（Huang et al.，2007）

二、海-气相互作用对我国重大天气气候灾害发生的影响及其过程

相对于大气，海洋的质量和比热大，海洋巨大的热容量对大气的变化起着缓冲器和调节器的作用，对中国气候的年际和年代际变异具有重要的作用。如图3-3-2所示，在夏季，东亚夏季风向中国输送来自海洋上的暖湿空气，带来大量的水汽，对中国夏季降水的形成具有重要的作用。因此，海洋热状况，特别是西太平洋暖池（Huang and Sun，1992）和热带印度洋（黄刚和胡开明，2008；Xie et al.，2009）的热状况不仅可以影响东亚季风的强弱，而且影响中国气候的年际和年代际异常。这两个海域通过影响亚洲季风环流来影响水汽输送，进而影响到东亚和中国的降水，并造成旱涝等气候灾害的发生。以往的研究所关注的主要是某一关键海区的海温变异对中国气候的影响。事实上，各大洋之间的海温变异存在着内在的物理联系，如热带印度洋洋盆尺度的增暖与ENSO密切相关，热带西太平洋海温与ENSO也有显著的联系。太平洋、印度洋和大西洋海温的变异之间也存在着内在的相互联系。因此，各关键海区的海温变异不应该看作是一个孤立的现象，而是一个紧密联系的有机整体，它们存在着相互作用和相互影响的关系。在研究海温异常对中国天气气候灾害发生的影响时，需要对各大洋海温变异之间

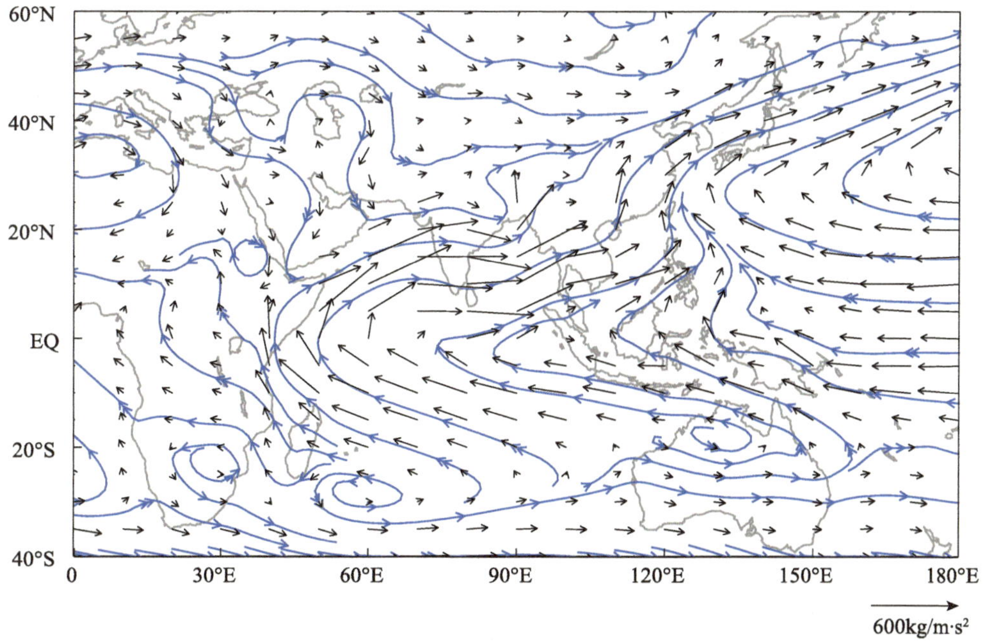

图3-3-2　北半球夏季东亚季风水汽输送图（图由陈际龙提供）

的相互关系有比较清楚认识，在此基础上将三大洋作为一个统一的整体来考虑，才能真正认识海洋对中国天气气候灾害发生的影响。

三、陆-气相互作用对我国重大天气气候灾害发生的影响及其过程

东亚东部是全球强季风区。我国华南和长江流域是年降水量在 1400 mm 以上典型的季风湿润区之一，这些区域有着茂密的植被。而我国西北是戈壁和沙漠的典型干旱区，这里不少区域年降水量不足 50 mm，而年蒸发能力却达到 3000 mm 以上，大片土地是裸露地或稀疏植被，这个区域也是全世界典型干旱区之一，同时也是欧亚大陆感热输送最大区域（黄荣辉等，2011）。在湿润区与干旱区之间是广阔的半干旱区，年降水量为 200~400 mm，这里有大片草原和黄土高原。干旱和半干旱区是我国大气主要的下垫面，总面积约为 504 万 km^2，占我国国土面积的 52.5%。此外，青藏高原是全球最高的高原，平均海拔在 4000 m 以上，属高寒地区，此区域也是我国主要大江大河的发源地。由于季风是海陆热力差异所形成，我国西北干旱、半干旱和青藏高原热力变化对东亚季风系统的变化也有重要影响。研究还表明，陆－气相互作用对于我国高温热浪和旱涝灾害也有重要影响（图 3-3-3 和图 3-3-4）（Zhang and Wu，2011；Wu and Zhang，2013）。因此，研究不同下垫面陆－气相互作用对于揭示我国天气气候灾害发生成因是很重要的。

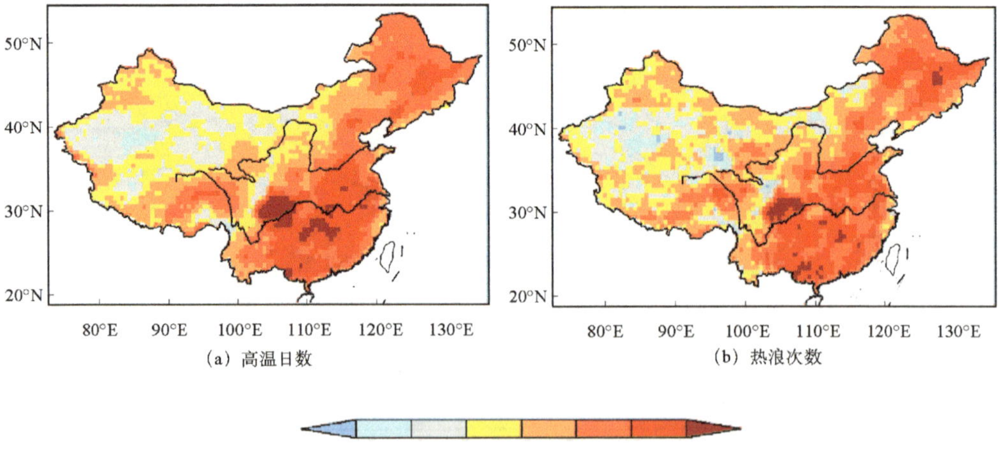

图3-3-3　陆-气耦合对高温热浪的相对贡献（Zhang　and　Wu，2011）
实心点代表通过90%　统计显著性检验，百分比值由控制试验与敏感性试验的差与控制试验的比计算得来

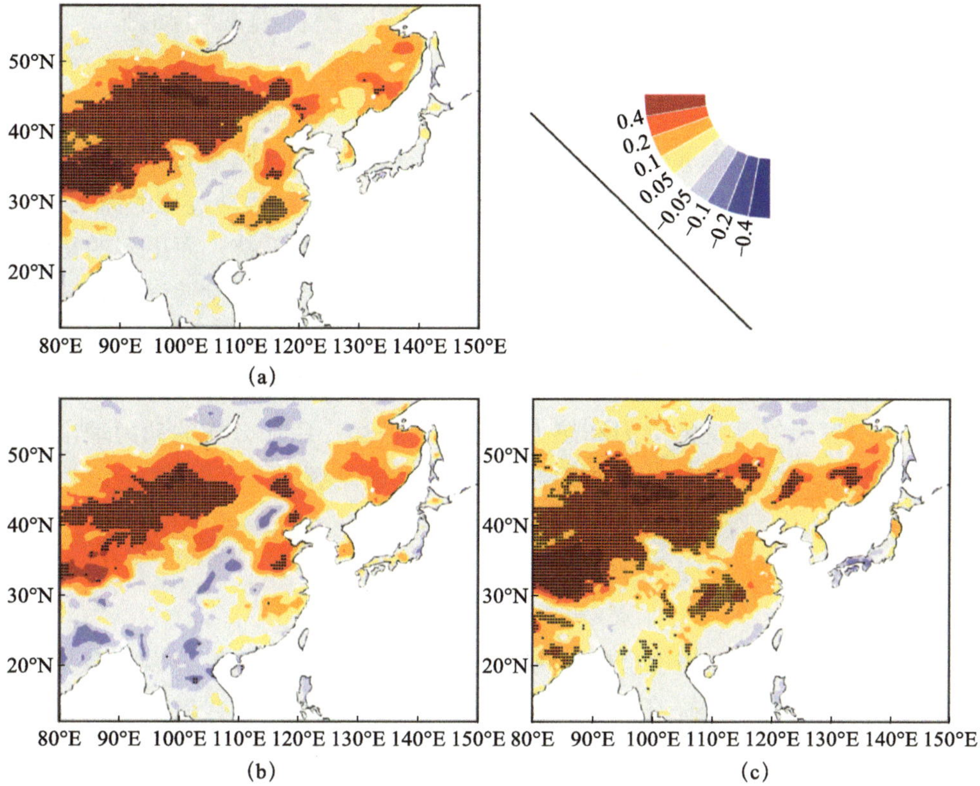

图3-3-4 1999年夏季降水距平百分率分布实况与利用区域模式所模拟的由土壤温度引起的降水距平百分率分布（Wu and Zhang，2013）

四、东亚季风暴雨的频发性与突发性机理

我国许多洪涝灾害发生与持续性暴雨直接相关（陶诗言等，1980）。由于受东亚季风和青藏高原的影响，我国暴雨发生不仅具有频发性，而且具有突发性，对我国国民经济造成严重损失。据统计，我国东部夏季降水量中有40%左右是由日降水量大于50 mm的暴雨所产生。全球变暖使得近地面层大气的气温升高，而对流层上层大气的气温降低，特别是东亚上空对流层上层气温有明显的降低，这导致大气不稳定性增加，强对流天气发生的频率增加，发生的地区也在扩大。然而，当前我国对暴雨发生的预报的准确率还较低，特别是对于持续性暴雨的预报准确率更低，因此，有必要深入研究中国暴雨频发性与突发性的原因及机理，以提高预报准确率。

五、台风、强风暴等强对流天气的动力过程、模拟和预报

当前，我国对灾害性天气，特别是对台风、强风暴等局地性强、突发性明显的天气现象的预报准确率仍然很低。对这些局地强对流风暴的预报准确率的提高仍然较慢的一个重要原因是缺乏对发生这些现象大气运动过程的深入了解。事实上，灾害天气预报对象并不主要是针对大尺度天气系统，而更多的是面对中尺度天气系统发生、发展。这些天气系统的发生特点是突发性强，区域性明显，生命史较短，生消快，不仅地转平衡不存在，而且热成风平衡、静力平衡等都不存在，并且水汽相变又存在其中，这正是当前研究面临的挑战。面对这些中、小尺度天气系统的动力和热力过程如何描述？用什么样的动力理论和数值模式来研究，是我们当前迫切需要解决及思考的问题。

六、我国天气气候灾害的无缝隙预报的有关理论

当前国际上正在实施“全球观测系统研究和可预报性试验”，以提高两周左右的天气预报，特别是提高天气灾害发生的预报准确率，这样使 1 周左右的天气预报和两周以上的月和季度短期气候预测能够连接起来，实现“无缝隙”预报。当前我国还没有实现“无缝隙”预报，亟须开展两周以上的灾害天气的预报，实现 1 周－季度的“无缝隙”预报。然而，我国尚缺乏控制两周以上的季内气候变异特征及机理的认识以及相应的预报方法及动力模式。因此，目前我国亟须开展两周以上的季内气候变异的预报理论、方法及模式，特别是持续性降水两周预报的有关理论和模式。

第四节　关键的科学问题

根据国际上关于重大天气气候灾害发生过程和机理、预测理论和方法的研究趋势，以及我国对重大天气气候灾害发生机理的研究现状及对预报的需求，当前我国重大天气气候灾害发生机理及预测理论的关键科学问题如下。

一、重大天气气候灾害发生特征及规律

我国重大天气气候灾害种类多、影响大、范围广、发生过程异常复杂，因此认识我国重大天气气候灾害的发生特征及规律是该领域首先要解决的一个关键科学问题。这需要利用观测资料和再分析资料分析我国天气气候灾害发生特征，并利用现代动力、热力理论以及现代统计理论来分析并揭示其发生规律。

二、东亚气候系统变异对重大天气气候灾害发生的影响机理

从东亚气候系统中海－陆－气各子系统及大气内动力和热力过程来分析并揭示东亚气候系统海洋和陆地强迫因子对我国重大天气气候影响的内动力机理，特别从行星波动力学和遥相关理论来揭示这个系统各分量变异对重大天气气候灾害发生的影响过程及其内动力机理。

三、东亚气候变化可预报性

从全球大气、海洋、陆地、冰雪等圈层相互作用来研究东亚气候变异和我国重大天气气候灾害发生的成因和可预报性，特别是利用气候系统数值模型来模拟研究东亚气候系统中海－陆－气各子系统的变异及其相互作用对东亚气候和我国重大天气气候灾害可预报性的影响。

第五节　对今后研究的主要建议和措施

我国目前的天气气候灾害预报和服务水平虽有长足进步，但还不能满足经济和社会发展日益迫切的需求。与发达国家相比，我国对灾害天气气候的数值天气预报模式自主创新能力还有较大差距，资料同化系统建设还处于起步阶段。为此，本书提出如下建议。

一、加强我国重大天气气候灾害发生成因、机理及预测理论的研究

我国重大天气气候灾害影响严重、成因复杂、预测难度较大，因此，我国大气科学首先应加强重大天气气候发生成因和机理及其可预测性的研究。我国当前经济和社会的发展都亟须提高天气气候灾害的预报预测水平，这需要结合我国特殊的地理和气候情况，系统且深入地研究影响我国天气气候灾害变化的各种因子及其机理，特别是研究高影响天气气候的发生、发展机理及可预报性。

二、提高灾害性天气发生的中期预报理论、方法和模式的研究水平

为提高我国灾害性天气发生的预报时效，实现“无缝隙”预报，首先要改进与完善我国中期天气预报的理论、方法和模式，并以大气综合观测系统为依托，发展有效的四维资料同化理论和方法，将模式计算和资料同化有效集成，使得各种观测资料得到最佳应用。并且，要不断提高我国中期数值天气预报能力，努力提高灾害性天气气候的数值模拟水平以及定量、客观的预报水平。

三、积极开展我国灾害性气候客观定量的季度预测研究和试验

为对我国灾害性气候发生能够做到客观定量的季度预测，就必须加强东亚气候系统多圈层相互作用的研究，加强圈层相互作用的观测试验，以便改进和完善能够较好描述东亚气候系统变异的气候数值模式。并且，应加强我国夏季梅雨锋的云降水特征的观测研究，提出适合于东亚梅雨锋演变的对流参数化方案，以便提高我国短期气候变异的预测水平。此外，应积极改进我国短期气候数值模式，以便对我国夏季旱涝、酷暑及冬季低温雨雪冰冻等灾害性气候发生能够做出较准确的客观、定量的季度预测，满足国家防灾减灾的需求。

四、建立和完善天气气候灾情统一收集和评估系统及灾害预警系统

我国现行天气气候灾害灾情收集工作分别由国家多部门进行，因各部门对灾情的了解侧重点不一致，同时受部门利益的影响，灾情信息受人为因素影响较大。为了科学、客观地评价气象灾害对国民经济和人民生活所造成的影响，各部门需在完善各单类灾情收集评估系统的基础上，逐步向部门联合综合评估

方向发展。首先进行灾害信息的交叉使用，并建立全国性统一的灾害数据库，然后以气象、水文、环境、资源、遥感、遥测等资料为基础，建立一套客观、定量的灾情评价指标，对各类气候、水文事件进行评估，再结合实地考察、调查统计，从而建设空、地、人的立体监测网和综合信息处理系统。天气气候灾害的实情收集和评估系统不仅是国家各级政府领导抗灾减灾所必需，而且是天气气候灾害发生特征和成因研究必不可少的资料。

应尽快建设我国天气气候灾害监测和预警系统，开展中尺度灾害性天气（尤其是台风和暴雨等强对流天气）警报服务，进一步完善森林火险、地质气象灾害监测预报，并在此基础上加强突发气象灾害的应急能力建设，最大限度地减少天气气候灾害对国民经济和社会发展造成的损失。

总之，鉴于我国天气气候灾害的严重性，本章提出灾害性天气和气候发生机理及其预测是当前我国大气科学和全球气候变化研究面临最重大的科学问题。并且，本章从国际上对此科学问题的研究动态和趋势及我国对此科学问题的研究现状和今后对此重大科学问题的研究需求提出了当前亟须研究的六个科学问题，以及今后对此重大科学问题的研究建议和应采取的重要措施。

参考文献

黄刚，胡开明．2008．夏季北印度洋海温异常对西北太平洋低层反气旋异常的影响．南京气象学院学报，31(6):749-757.

黄荣辉，陈文，张强，等．2011．中国西北干旱区陆－气相互作用及其对东亚气候变化的影响．北京：气象出版社．

陶诗言，等．1980．中国之暴雨．北京：科学出版社．

张庆云，陶诗言．1998．亚洲中高纬度环流对东亚夏季降水的影响．气象学报，56:199-211.

Huang R H, Chen J, Huang G. 2007. Characteristics and variations of the East Asian monsoon system and its impacts on climate disasters in China. Adv. Atmos. Sci., 24: 993-1023.

Huang R H, Sun F Y. 1992. Impact of the tropical western Pacific on the East Asian summer monsoon. J. Met. Soc. Japan, 70: 243-256.

Tao S Y, Chen L X. 1987. A review of recent research of the East Asian summer monsoon in China//Chang C P, Krishnamurti T N. Monsoon Meteorology.

Oxford: Oxford University Press.

Wu L Y, Zhang J Y. 2013. Role of land-atmosphere coupling in summer droughts and floods over eastern China for the 1998 and 1999 cases. China Sci. Bull., 58: 3978-3985.

Xie S P, Hu K M, Hafner J, et al. 2009. Indian Ocean capacitor effect on Indo-western Pacific climate during the summer following El Niño. J. Climate, 22: 730-747.

Zhang J Y, Wu L Y. 2011. Land-atmosphere coupling amplifies hot extremes over China. Chinese Sci. Bull., 56: 3328-3332.

第四章

重大问题二：大气环境灾害的发生机理与预报理论

第一节 引　言

工业革命以来，特别在过去的50多年，世界各地工业化迅速发展，人口急剧增加，由工业生产和人民生活所产生的污染物的排放及汽车尾气也随之大幅度增加，导致了大气质量的下降及酸雨发生频率的上升。在现代化的进程中，人类活动向大气排放了以颗粒物和SO_2、CO_2、NO_x等气体为主的一次污染物，同时也向河流排放了大量包括重金属的污染物。这些污染物在大气、水体和土壤中除部分被清除和净化外，还会进一步发生化学反应及生化的转化，可能产生更严重的二级污染物。此外，人类活动还造成了荒漠化和全球增暖，并与环境污染发生相互作用，这可能带来更严重的影响。这些都给我们赖以生存的地球带来了巨大的环境压力，甚至变成环境灾害，从而对农业、生物多样性、社会和经济及人类身体健康带来严重影响。

所谓环境灾害就是指因人类活动所致的通过自然环境影响人类生存的灾害事件，大气环境灾害就是其中主要灾害之一。在人类活动对大自然尚未有较大扰动前，地球的大气与陆地和海洋处于相对动态平衡之中，其自身的净化能力维持了大气的清洁。然而，剧烈的人类干扰，特别是当大气污染物超过了大气环境所能允许的极限时，大气质量会发生恶化，也就是所谓的大气污染，若某类污染对人们的生产活动与日常生活、生态系统、身体健康以及生命财产带来重大影响时，就会形成短期甚至长期的大气环境灾害。有的灾害虽是突发的，但影响却是长期的，有的灾害是长期的累积影响。

我国近年来由于工业迅速发展，城镇化进展加快，导致了大气环境质量存在不同程度的下降，许多地区存在着光化学烟雾、霾（特别是PM2.5及以下微细颗物浓度的增加）、浓雾、酸雨、沙尘暴、POPs（持久性有机污染物）、痕量金属等不同种类的污染，甚至有个别地区发生突发性大气污染事故。因此，系统研究大气环境灾害的发生过程与预报理论是非常必要的。

第二节　我国大气污染的严重性

随着我国工业化和城镇化进程加快，我国大气污染的严重性在加剧，具体表现在以下几个方面。

一、城市大气光化学烟雾型污染有加重的趋势

烟雾污染事件多数与光化学、微细粒子、SO_2等有害物质有关。自我国兰州西固区20世纪70年代后期出现光化学烟雾以来（王式功等，1999），1986年在北京也发现了光化学烟雾的迹象，随后，我国不少交通发达的城市和地区（如京津地区、珠江三角洲和长江三角洲）均出现过程度不同的光化学烟雾。当前，城市和区域大气光化学烟雾已成为中国一些城市和区域的大气污染（靳卫齐和杨萌，2007）。

尽管我国光化学烟雾污染的历史不长，但根据有关数据，光化学烟雾在我国部分城市还有日趋严重的趋势，这与城市机动车保有量的迅速增长密切相关。在过去的10多年中，由于我国城市机动车保有量的增长导致了汽车尾气污染问题也越来越突出，部分城市的大气污染已从煤烟型向光化学烟雾型转化。

二、我国东部灰霾天气急剧增加

研究表明，在全球变暖的背景下，我国不仅城市区域的霾日呈现显著增加（吴兑等，2011），而且大范围区域性的霾日也呈现增加趋势（赵普生等，2012）。20 世纪 80 年代以后（特别是最近 10 年），如图 4-2-1 所示，我国黄淮海地区、四川盆地、珠江三角洲和东部长江三角洲地区发生霾的天数增加，特别是在华北地区发生霾的天数在急剧增加。

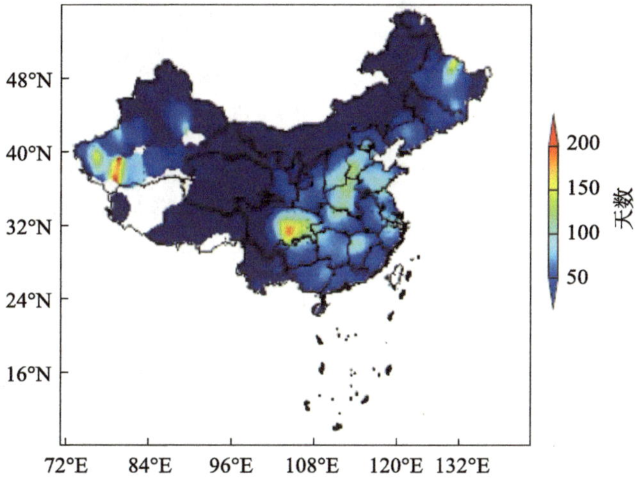

（a）1986~1995年

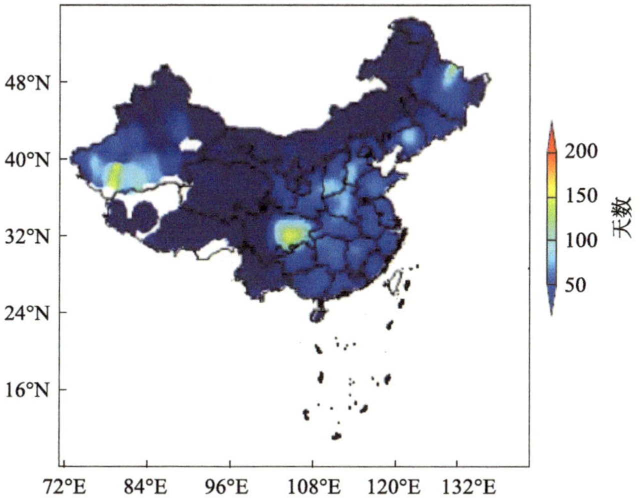

（b）1996~2005年

图4-2-1 最近10年我国霾天气出现日数的变化（吴兑等，2011）

一般来说，霾天气时大气中颗粒物浓度比较高，特别是大气中 PM2.5 及以下微细颗粒物浓度较高。它不仅影响大气能见度，从而严重影响交通，而且由于它可吸入肺，对人民身体健康也有着严重影响。

根据观测，我国东部，特别江淮地区、黄河地区、华北地区和四川盆地等地区空气中 PM2.5 及以下微细颗粒物含量均超标。2012 年冬和 2013 年初春，北京周围空气中 PM2.5 及以下微细颗粒物含量严重超标，出现了严重的霾天气（图 4-2-2）。

图4-2-2　2013年1月12日北京市及周围地区出现严重灰霾天气的情形（图引自http://www.aljazeera.com/news/asia-pacific /201301/2013/1218714153772. html[2015-5-30]）

三、城市及周围地区大气中臭氧含量呈上升趋势

由于臭氧对城市光化学雾污染具有重要作用，大气中臭氧浓度增加也是一种污染，因此，近来我国对大气中臭氧浓度有较多的观测。观测结果表明，近年来我国许多城市及周边地区大气中臭氧含量升高，如深圳、上海、天津、北京、广州和沈阳等城市及周边的臭氧浓度经常发生超标（即超过国家二级标准）现象。

四、我国南方酸雨严重

“酸雨”一词的普遍意义为酸性沉降，它可分为“湿沉降”与“干沉降”两大类。前者指的是所有气状污染物或粒状污染物随着雨、雪、雹等降水形态而落到地面者；后者则指在不下雨的情况下，从空中降下来的酸性物质。我国南方酸雨问题严重，酸雨 ($pH<5.6$) 面积从 20 世纪 80 年代开始扩展，到目前已占国土面积的约 40%，成为世界第三大酸雨区（张新民等，2010）。80 年代初，长江以南的广大地区出现了大片酸雨区，特别是重庆、贵阳等地较为严重（$pH < 4.5$），而长江以北除青岛、汉中和苏皖部分地区外，尚未出现酸雨（王文兴，1994）。但从 90 年代以来，以长沙、株洲、赣州、南昌等城市为中心的华中酸雨区污染水平超过了西南酸雨区，华东和华南酸雨区变化不大（吴丹等，2006）。总的来说，80 年代到 90 年代中期为我国酸雨快速发展期，90 年代中后期到 21 世纪初进入相对稳定期，而随后有所增加。

我国酸雨污染主要来源于工业的 SO_2 和 NO_x 的排放，许多大中城市机动车排放的 NO_x 也有较大的贡献。此外，沿海地区的二甲基硫对酸雨形成也有一定的贡献（张新民等，2010）。

五、我国北方沙尘暴发生的频次呈现减少趋势

沙尘暴（沙暴和尘暴的总称）是一种发生在干旱和半干旱地区，由强风刮起干燥地表上的松软沙土和尘埃所形成，导致空气混浊、能见度变低的一种灾害性天气现象。沙尘暴是一种危害很大的灾害性天气，它不仅使大片农田受损、农业减产，对道路交通产生严重影响，导致建筑物倒塌及人畜死亡，而且还会造成严重的大气污染及毁坏生态环境。

我国沙尘暴区属于中亚沙尘暴区，主要发生在北方地区，特别是西北地区的塔克拉玛干沙漠、巴丹吉林沙漠、腾格里沙漠及内蒙古东部的浑善达沙克地（周自江和王锡稳，2002）。据研究，我国沙尘暴分布面积大、影响范围广（图 4-2-3）。并且，我国沙尘暴的发生与沙漠、沙地和戈壁的分布有关。

沙尘暴不仅存在着年际变化，而且存在很大年代际变化。从 20 世纪 90 年代起，由于冬季风的减弱，我国沙尘暴发生频次也随之减少，但强沙尘暴时有发生。沙尘暴还存在着明显的季节变化，春季最多，约占全年发生总数的一半，其中 4 月是中国沙尘暴发生范围最大的月份，夏季次之（杨艳等，2012）。

除上述几种大气污染现象外，我国大气中重金属污染物和持久性有机污染物（POPs）的含量也较高，而且我国突发性环境污染事故无论发生频次或是危害程度均有上升趋势。

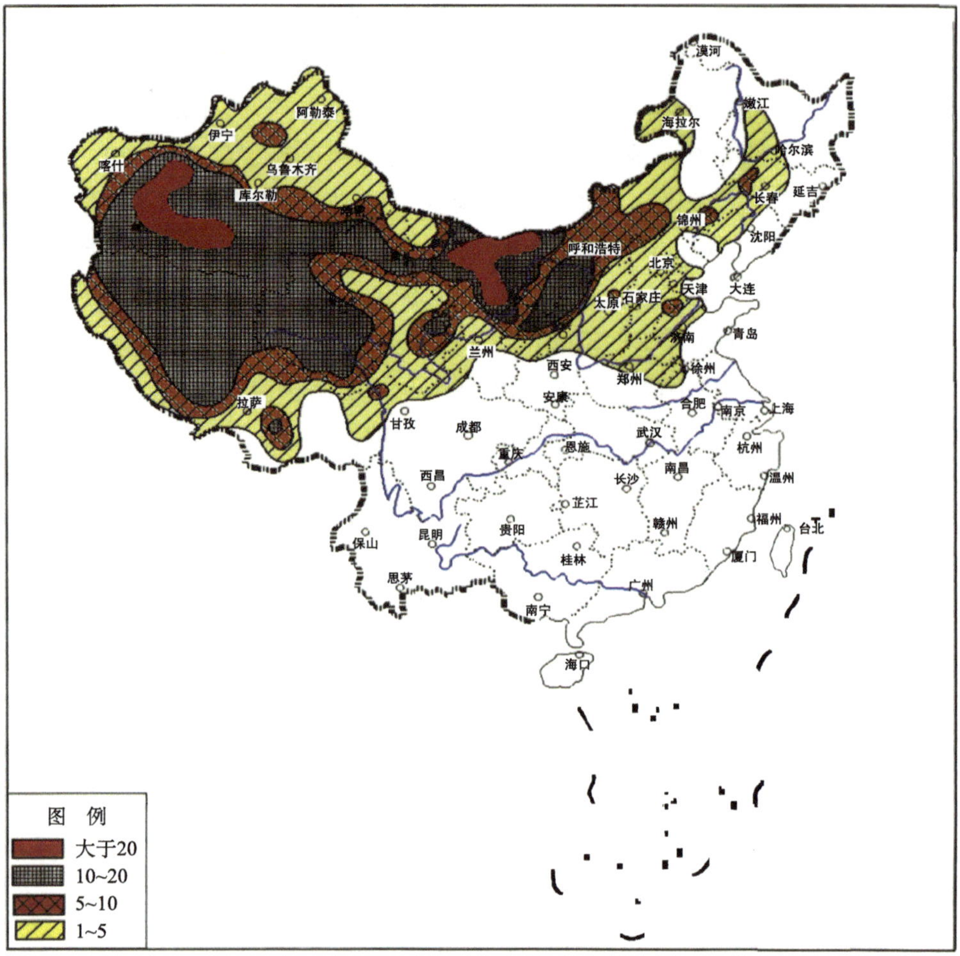

图4-2-3 我国受沙尘暴影响（1956~2000年平均值）的空间分布（周自江和王锡稳，2002）

第三节 国际研究动态

由于大气污染严重影响人体健康，国际上一直很重视大气环境灾害的研究。

一、国际上关于大气污染研究的兴起

早在工业革命前的 17 世纪，在英国人们已经注意到因燃煤引起的大气污染对生物生长与人体健康会产生严重影响。不过，人类真正认识大气污染是在18世纪中叶第一次工业革命之后，蒸汽机时代的开始意味着生产力的快速发展，而此时煤和石油逐渐上升为主要能源，从而带来了大气污染的加重。英国工业发源地曼彻斯特市那时的大气污染就非常严重，英国伦敦在1873年、1880年、1892年曾多次出现过燃煤造成的严重大气污染，"酸雨"术语也是在那个时候由英国化学家提出。尽管历史上有很多次因环境污染所引起的灾害事件，但在我国通常所说的世界八大公害事件（宫克，2005），是指在20世纪30～60年代发生在一些发达国家的社会公害事件。这些事件有较好的记录并被后人用于广泛的研究，其中五个就是由大气污染引起的：①1930年12月1～5日的比利时马斯河谷烟雾事件；②1943年的美国洛杉矶的光化学烟雾事件；③1948年10月26～31日的美国宾夕法尼亚州多诺拉镇的烟雾事件；④1952年12月5～8日的伦敦烟雾事件；⑤发生在20世纪50年代后期到60年代的日本四日市哮喘病事件。这些大气污染事件的频发，开始引起国际上一些发达国家对大气污染和大气环境的关注。

二、关于大气光化学烟雾型污染研究的发展

光化学烟雾指大气中的挥发性有机物和氮氧化物发生光化学反应所形成的污染，其代表性污染物有臭氧、过氧乙酰硝酸酯（PAN）、气溶胶等，光化学烟雾的形成过程是由一系列复杂的链式反应组成的。由于光化学烟雾经常在城市中发生，故一般称城市光化学雾。烟雾污染(特别是光化学烟雾污染)至今仍是欧洲、美国和日本等发达国家的主要环境问题之一。

对光化学烟雾污染的研究国际已开展了几十年，特别在光化学烟雾污染机理研究上获得了明显进展。近年来，在光化学烟雾箱实验研究基础上，已经发展了一些著名的光化学反应机制，最常见的模式分为归纳机理和特定化学机理(石玉珍等，2012)。这些归纳机理已广泛应用到了实际大气中，用于研究污染物的宏观传输规律。

三、关于霾雾天气的研究

雾和霾都是天气现象，它们是由于漂浮在大气中的粒子浓度迅速增加并导致大气能见度恶化，从而引起灾害性天气和环境的发生。但是，它们的形成过程与组成是不同的。雾是指在近地面的大气中悬浮的由小水滴或冰晶组成的

水汽凝结（凝华）物；而在气象学中霾是一种天气现象。在中国气象局发布的《霾的观测和预报等级》（QX/T 113-2010）中，霾被这样定义："大量极细微的干尘粒等均匀地浮游在空中，使水平能见度小于 10km 的空气普遍有混浊现象，使远处光亮物微带黄、红色，使黑暗物微带蓝色"。而在具体判识时，能见度小于 10km，排除降水、沙尘暴、扬沙、浮尘、烟幕、吹雪、雪暴等天气现象造成的视程障碍，相对湿度小于 80%，判为霾。相对湿度在 95% 以上时常被判为雾，因而在 80% ~ 95% 时要进一步分析。

当前，国际上很重视灰霾和 PM2.5 及以下微细颗粒物的污染问题。大气中霾和雾天气不仅会直接造成大气能见度降低，影响交通，而且还因其附有大量的有害有毒物种对生态环境与人体健康产生重大影响。图 4-3-1 是东亚地区上空 2008 年四季尘霾层笼罩的情况（Gao et al.，2014）。1995 ~ 1999 年，国际一个由 250 位科学家组成的研究队伍开展了所谓的印度洋试验（the Indian Ocean experiment，INDOEX）。该试验发现：有一个约 3km 厚、相当于美国大陆面积大小的棕色污染尘霾层笼罩在印度洋、东南亚和中国上空，被形象地称为亚洲大气棕色云（ABC）。该发现曾引起了世界性的轰动，得到了国际广泛的重视。以此相关，灰霾（霾）与大气中 PM2.5 微细颗粒物的问题也因此而受到国际的重视 (Chung et al.，2005)。

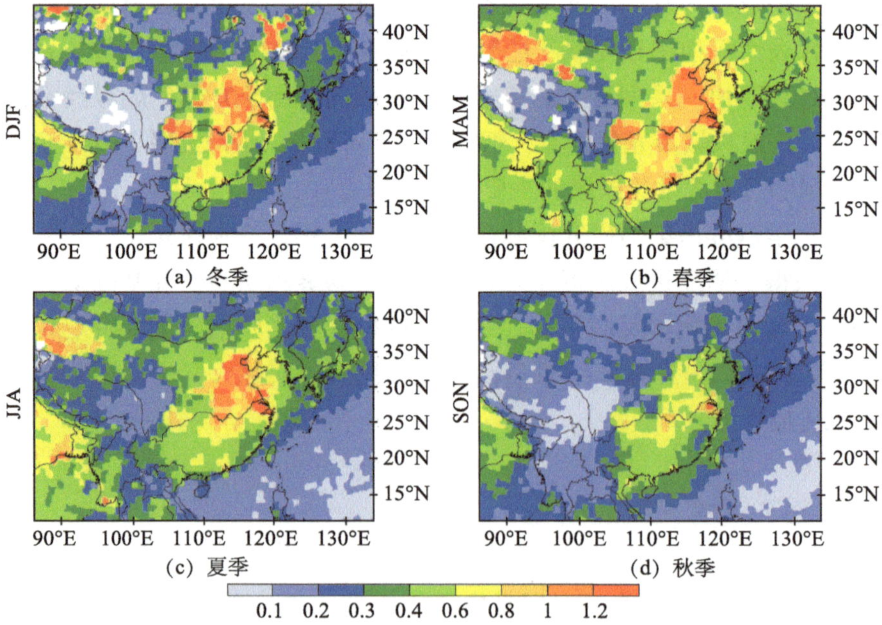

图4-3-1 MODIS观测的东亚地区2008年冬季、春季、夏季、秋季的500nm的气溶胶光学厚度（Gao et al.，2014）

四、关于臭氧层保护的研究

一般平流层臭氧起着保护地球生命的作用，因为它能吸收太阳光中大部分的紫外辐射，使地球上的生物和人类免受高能量紫外辐射的伤害，保护着人类和动植物，因此，臭氧层好像是地球生物圈的一个天然保护伞。然而，在 1985 年英国南极考察队从南纬 60° 地区的臭氧观测发现了一个震动世界的现象。该发现表明，从 1975 年至 1984 年，每年南半球春季（9 ~ 10 月）南极上空臭氧浓度最小值下降 30% ~ 40%，即所谓的南极臭氧洞。为此，1987 年在世界范围内签订了限量生产和使用氯氟烷烃等物质的蒙特利尔协定。如图 1-7-2 所示，南极上空的臭氧空洞的面积于 2000 年和 2006 年达创纪录之大（2800 × 104 km^2）（Varotsos and Tzanis，2012）。对于臭氧空洞的解释，尽管还有一些不同的观点，但一般认为是在特定的气象条件下，臭氧受到了含氯、溴等物种的破坏。

五、关于酸雨的研究

尽管“酸雨”概念早在 19 世纪就已提出，但对雨水的 pH 测量始于 20 世纪 40 年代末。自 60 年代以来国际上关于酸雨的研究逐渐展开，特别是 1972 年的联合国人类环境大会以来，酸雨成为许多国家普遍关注的大气污染问题之一，降水污染研究也随之在世界各地迅速展开。

六、关于沙尘暴的研究

目前陆地面积的四分之一遭到沙漠化的危害，世界上共有四大沙尘暴多发区——北美、澳洲、中亚和我国西北，以及包括中非和西亚在内的中东地区。人们更加关心的是沙尘暴在多大程度上受到了或会受到人类活动的影响。

20 世纪 30 年代美国发生过一个规模巨大的沙尘暴，横扫了约三分之二的国土，肆虐达十年之久，成为美国历史上著名的“尘土飞扬的十年”。因“黑风暴”造成的农业荒废，延长了美国的经济萧条。而从 20 世纪 70 年代初至 80 年代中期发生在非洲撒哈拉沙漠南缘的萨赫勒地区的沙漠化与沙尘暴灾害，使千百万非洲人民流离失所，生活艰难 (维倩倩等，2012)。因此，关于沙尘暴形成及传播的研究正受到国际有关国家的重视。

七、关于重金属和持久性有机污染物（POPs）的研究

微量金属（习惯称为重金属）和持久性有机污染物（POPs）是大气中典型的污染物。这两类污染物主要来自人为污染，它们可以从污染源往周边扩散，并且借助气流进行长距离迁移。空气沉降可以使上述两类污染物由大气沉降到土壤和水体而进行转移，进而影响到食物链。同时，POPs 及 Hg 等具有挥发性的污染物可以由地表（二次污染源）向大气进行再次释放，使点污染向更大区域扩散。

微量金属主要是指对生物有明显毒性的金属元素或类金属元素，如铜、镉、铅、锌、铬、钴、汞和砷等，此类污染物不易被微生物降解。微量金属的毒性强、对生物体伤害大。20 世纪 30 年代出现在日本的“痛痛病”，就是由于当地人食用被 Cd 污染的大米和鱼虾导致的。

POPs 主要由人类活动产生（如人工合成），它们在环境中难以通过降解消除。大气中 POPs 主要来源于工业制品添加、煤炭等化石燃料燃烧、农药及杀虫剂施用；另外，森林山火是多环芳烃 (PAHs) 的重要的自然源。它们能通过食物链逐级放大，在营养级终端达到环境浓度的几万倍到几百万倍，可在生物体内不断蓄积并产生生物毒性效应。美国生物学家 Rachel Carson 于 1962 年撰写的《寂静的春天》阐述了农药对环境的污染，为世人敲响了警钟。1989 年联合国环境规划署 (UNEP) 在世界环境保护会议上通过了《控制危险废料越境转移及其处置的巴塞尔公约》，开启了全球致力于 POPs 控制和消减的时代。2001 年包括中国在内的 127 个国家和地区代表联合签署了旨在减少或消除 POPs 排放和释放的《关于持久性有机污染物的斯德哥尔摩公约》。尽管随着国际公约及各国相关法律的出台，POPs 的全球生产量大量削减，但是，由于 POPs 具有难于生物降解的特性及能够长距离输运，因此，空气中的含量并没有明显下降的趋势。

八、关于突发性大气污染事件的研究

突发性大气污染事件会向大气排放 (或泄漏) 有害有毒物质，造成局地或区域甚至全球的大气严重污染，往往导致严重的事故。它主要可分成以下三种：有毒有害物质污染事故（包括毒气污染事故），爆炸污染事故和放射性污染事故。运输、工厂、核电等都是发生这类事故可能的源。有毒有害污染事故对于人体健康有严重危害，如 1984 年印度博帕尔农药厂 45t 异氰酸酯外泄造成的

2500 人死亡、12.5 万人致残；1991 年 5 月在我国江西上饶发生的甲胺泄漏事故造成多人伤亡（潘雨齐等，2012）。

放射性污染事故主要是核泄漏事故，是指核反应堆里的放射性物质外泄，是造成突发性大气污染事件中最典型的一种事故，它不仅造成环境污染，而且使公众受到辐射危害。1986 年 4 月 26 日发生在苏联乌克兰北部基辅市切尔诺贝利核电站的核事故，是历史上最严重的核电厂意外事故的核事故，所释放出的辐射量非常大。事故发生 10 天后，辐射物进入了欧洲的大部分地区，造成了巨大的经济损失及人员伤亡，死亡人数至今还难以准确估算。近 30 年过去了，至今在切尔诺贝利核电站周围或乌克兰，污染仍很严重，大片土地种不了任何农作物。最近一次核事故是 2011 年 3 月发生在日本福岛的因地震海啸而造成的核泄漏，该事故最终被定为 7 级，导致大量辐射物流入太平洋，其造成的灾害与切尔诺贝利核灾害并列为至今最严重的核泄漏（张灿等，2012）。很显然，防止突发性污染事故的发生是根本。但一旦事故发生，如何做到预警、预测其扩散等是十分重要的，可有效地降低事故所带来的损失。

第四节　亟须开展研究的科学问题

一、城市光化学烟雾形成过程、成因与危害

城市光化学雾的形成过程由一系列复杂的链式化学反应所组成，它的形成原因非常复杂，国际上至今还没有搞清楚，特别是各种烟雾的生成与大气中各种成分的化学转化过程是当前亟须研究的大气化学科学问题。因此，当前关于城市光化学雾的形成原因、过程及造成的危害等重要问题是将是今后国内外重点关注的研究课题。并且，由于臭氧在光化学雾的形成中起重要作用，故对近地面层大气中臭氧的浓度变化及其有关的光化学反应也是今后研究的重点。

二、雾、霾天气与PM2.5及以下微细颗粒物的形成过程、成因与调控机理和对策

雾和霾不仅对交通和农业有重要影响，而且会严重伤害人体健康。然而，

雾和霾产生原因是很复杂的，它不仅与局地大气环流有关，如风速小导致污染不易向周围扩散，大气处于稳定状态，造成污染物不易向上扩散等，这些都为霾的天气出现提供外因；并且，人为原因更加重要，特别是与工业排放、建设工地扬尘、汽车尾气及农业生产和城乡人民取暖所排放的污染物等都有关系。因此，关于霾的形成过程和成因是今后研究的重要问题。

大气中 PM2.5 及以下微细颗粒物浓度的增加是造成霾天气的重要原因，而雾天气出现时，大气中气溶胶粒子中一大部分也是由于 PM2.5 及以下微细颗粒物所组成。因此，当前大气中 PM2.5 及以下微细颗粒物浓度分布及它的产生成因及危害是亟须研究的科学问题，特别是大气中二次气溶胶产生对 PM2.5 及以下可吸入微细颗粒物形成的作用是亟须研究的重要科学问题。

三、酸雨的形成过程、成因及危害

我国南方（特别是华南和长江流域）酸雨频繁发生，因此，研究季风湿润区酸雨的形成过程、成因和危害仍是今后我国大气科学亟须研究的重要科学问题。

四、沙尘暴的形成过程、变化及成因

我国长江以北每年春季经常遭受沙尘危害，它的形成与西北地区大尺度环流异常及陆面的墒情有关，它不仅有明显的年际变化，而且还有明显的年代际变化。因此，我国沙尘暴的形成过程（特别是起沙过程）及发生频次和强度的年际和年代际变化成因是今后此领域重要的研究问题，特别是沙尘暴形成的动力、热力过程及其年际和年代际变化的数值模拟在今后的研究中应给予充分的重视。

五、大气微量金属与POPs的产生原因、变化及危害

微量金属及 POPs 的毒性很强，并且存在这种污染物的土壤会不断向大气释放 POPs，从而对周边地区的大气产生持续影响，并对人类身体健康造成严重危害；同时，它还会再沉降到水体和土壤，形成复合污染，从而引起更严重的影响。它的形成机理又很复杂，很多是经过二次大气化学过程，因此，不仅亟须研究它的毒性和对健康的危害，而且要研究它的产生源及变化过程和成因。

六、突发性大气污染事故产生原因、应急对策研究

发生突发性大气污染事故的根本原因是人类生产和生活中违背了自然规律和有关规章制度，因此不仅要研究突发性污染事故的发生原因，而且更重要的是要研究应对突发性污染事故的紧急措施，以便减少事故所造成的危害和损失。应急对策应包括应急监测系统、应急预报系统、评价系统和控制与应急管理等。应急监测系统用以迅速确定污染物质的种类、性质、浓度等。应急预报系统主要是以气象模式为基础的污染物扩散的模拟及预测，以确定大气污染物的时空变化，从而可以指导人民的疏散；而风险评价系统主要针对事故发生后对人体健康和区域生态风险进行评价。

第五节　关键的科学问题

一、大气化学成分演变及其成因

大气中有很多化学成分，如温室气体、痕量气体和气溶胶等，其中有的化学成分对空气质量有很大影响。因此，它们的源汇、浓度分布及它们随时间的演变是大气环境研究的重要科学问题。并且，针对各种高浓度污染物在时空上重叠产生的大气复合污染也需要了解这些污染物的产生源，特别需了解一些前体物的产生。一些引起大气环境变化的关键性物理、化学和生物过程均发生在近地面的大气边界层，该层又是大气与陆面和海洋交换的重要界面，而人类活动正好也发生在该层，因此要结合同步观测的大气边界层结构，研究该层内的物理、化学过程，分析污染物浓度与排放及气象条件之间的关系。此外，根据观测和模式的模拟结果，研究污染物的输运，得出污染物的分布特征也是很重要的。

二、均相与非均相化学转化过程

均相化学反应是指单一气相、固相和液相中进行的化学反应。常见的均相反应为均相气相反应和均相液相反应。大多数均相化学反应都与光化学反应相

关。非均相化学反应是指在两相物质界面（如气液界面、气固界面和液固界面）所发生的化学反应。大气中各种烟雾光化学污染的生成与大气中均相和非均相的化学转化过程密切相关，特别是与颗粒表面上化学转化过程密切相关，要搞清大气中均相和非均相化学转化过程的科学问题就必须开展大气化学物种的反应动力学研究，才能揭示影响环境变化的大气化学微观机制，以便更好地认识大气中的一些重要反应过程。因此，只有深入研究大气中均相与非均相化学转化过程，才能真正认识大气中某些物种产生和消耗的主要控制因子，从而为研究大气复合污染形成及大气成分的环境和气候效应的数值模拟研究提供重要参数。

三、大气污染的数值模拟、预测和调控

大气污染物在时空上是如何演变的，在一定的条件下怎样进行调控，这是当前研究大气环境中最迫切也最困难的科学问题。因此，要在系统研究城市和区域大气污染动态及形成机制的基础上，建立一套适用于城市和区域的空气污染物扩散的数值模型，并利用数值模型进行区域空气污染物扩散的数值模拟及定量的预报和预测，在此基础上建立预警系统。此系统是一个汇集天气预报模式、城市边界层预报模式、大气化学和物质输运模式、污染源数据库、可视化系统、污染事件应急及预警系统、专家分析和决策系统等自动化综合集成系统。这个系统不仅仅是一个大气污染的预警系统，而且也可以利用此系统对区域大气污染进行调控。它是一个复杂的系统，这是当前大气环境研究中一个重要的关键科学问题。

四、环境变化与气候变化的关联及相互作用

气候变化严重影响环境，而环境又会对气候变化产生影响，这当中气溶胶是联结环境变化和气候变化的重要纽带。IPCC-AR4 和 IPCC-AR5 评估报告中都指出，除了温室气体以外，气溶胶也是影响气候变化的重要因素，气溶胶对气候的影响主要体现在两方面，即直接效应和间接效应。直接效应主要通过影响太阳辐射而对气候变化产生影响；而间接效应是通过作为雨滴的凝结核而影响降水，进而影响气温。这其中还有很多问题尚待进一步研究，这也是当前应对气候变化亟须研究的科学问题。

第六节　对今后研究的主要建议和措施

一、加强环境灾害观测网的建设和资料共享

要对大气环境灾害的成因、发生规律及调控进行系统的研究，建立环境灾害观测网和数据库是必不可少的，并且要建立和完善观测数据共享机制。我国已经建立一定规模的大气环境监测网，在进一步完善这些观测网的基础上，观测资料的质量控制十分重要，只有观测资料是可靠的，才能充分利用这些资料得到污染物种时空的演变规律。同时，观测数据的共享机制也是很重要的，只有观测资料共享才能使各部门有关专家更好来研究环境灾害的形成原因、扩散规律及数值模型。

二、重视PM2.5及以下微细颗粒物的监测

我国对三种常规大气污染示踪物（二氧化硫、氮氧化物、悬浮颗粒物）已有了很好的监测，但要改善我国的大气环境质量，仅靠监测和控制这三种传统的示踪物是不够的。大量的研究已表明，空气中 PM2.5 及以下微细颗粒物不仅对霾和大气能见度有重要的影响，而且对人体健康有严重影响，并且臭氧是光化学烟雾污染的指示物。因此，全面开展我国空气中 PM2.5 及以下微细颗粒物、臭氧等的准确监测是十分重要的。

三、加强大气化学反应机理和数值模型的研制

无论是光化学烟雾和二次粒子的生成，还是污染物在输运过程中的转化都涉及大气化学的反应过程及反应机制，因此大气中各种成分的化学反应机理是化学模式的核心部分。然而，我国在这方面研究比较落后，目前国内模式中所采用的化学反应机理大多是国外研制的化学机理及过程。这表明了我国要真正认识大气中各种成分的化学反应机理及其过程就必须加强这方面的研究工作，特别是加强关于在我国环境条件下大气各成分化学过程的研究。此外，发展符

合我国实际情况的大气环境和大气化学模式也是十分重要的。

四、加强城市群及区域联防联控

大气中很多污染物种及污染物的影响往往不是局地性的，而是区域性的，这是由于这些污染物都会向周围扩散。因此，要防止污染物的扩散就必须依据一定的气象条件采用区域联防联控措施，如 PM2.5 及粒径更小污染物在大气中停留时间长，所以某个城市大气中 PM2.5 及以下微细颗粒物的含量绝不是仅仅这个城市所产生，而是部分来自周围地区。这样，在单个城市对污染采取预防和控制措施是不够的，必须建立区域内各城市间的协同防治机制。

五、加强生态文明建设

要在根本上改善被污染的人类生存环境就必须从各方面加强生态文明建设。我们这里所说的生态文明建设不仅仅是传统意义上的污染控制和生态恢复，而是要克服工业文明弊端，探索资源节约型、环境友好型的经济和社会发展道路。并且，生态文明建设基础不仅包括人类在生态问题上所有积极的、进步的思想观念建设，而且还包括生态意识在经济和社会各个领域的延伸和物化建设。

总之，鉴于我国大气污染的严重性，大气环境质量保护的迫切性，本章提出大气环境灾害的发生机理与预测理论是当前我国大气科学和全球气候变化研究所面临的又一个重大科学问题。并且，本章从国际上当前对大气环境和大气化学的研究动态及我国今后对大气环境灾害的发生机理与预报理论研究的迫切需求提出了此领域亟须研究的六个科学问题，以及今后对此重大科学问题的研究建议和应采取的重要措施。

参考文献

宫克，2005．世界八大公害事件与绿色 GDP．沈阳大学学报，17:3-8.

靳卫齐，杨萌．2007．城市光化学烟雾的形成机理与防治．化学工业与工程技术，28:22-24.

潘雨齐，李时卉，李细红，等．2012．化学污染的现状及研究热点．中国环境管理，3:16-18.

石玉珍，徐永福，贾龙．2012．大气化学机理的发展及应用．气候与环境研究，17:112-124.

王式功，张镭，陈长和，等．1999．兰州地区大气环境研究的回顾与展望．兰州大学学报，35: 189-201.

王文兴．1994．中国酸雨成因研究．中国环境研究，14:323-329.

维倩倩，韩致文，杜鹤强，等．2012．中国沙尘暴源区及其治理研究评述．中国沙漠，32:1559-1564.

吴丹，王式功，尚可政．2006．中国酸雨研究综述．干旱气象，24:70-77.

吴兑，吴晓京，李菲，等.2011．中国大陆 1951 — 2005 年雾与轻雾的长期变化．热带气象学报，27:145-151.

杨艳，王杰，田明中，等.2012. 中国沙尘暴分布规律及研究方法分析．中国沙漠，32:465-472.

张灿，陈虹，姜文博，等．2012．日本核泄漏事故应急响应机制研究及启示．海洋开发与管理，5:56-61.

张新民，柴发合，王淑兰，等．2010．中国酸雨研究现状，环境科学研究，23: 527-532.

赵普生，徐小峰，孟伟，等．2012．京津冀区域天气特征．中国环境科学，32:31-36.

周自江，王锡稳．2002．近 47 年中国沙尘暴气候特征研究．应用气象学报，13:193-200.

Chung C E, Ramanathan V, Kim D, et al. 2005. Global Anthropogenic aerosol direct forcing derived from statellite and ground-based observation. J. Geophys. Res., 110: D24207.

Gao Y, Zhao C, Liu X. 2014. WRF-Chem simulation of aerosols and anthropogenic aerosol radiative forcing in East Asia. Atmos. Environ., 92: 250-266.

Varotsos C A, Tzanis C. 2012. A new tool for the study of the ozone hole dynamics over Antarctica. Atmos. Environ., 47: 428-434.

第五章

重大问题三：东亚气候对全球气候变化的影响、响应、机理和应对

第一节　引　　言

东亚地区的气候是典型的季风气候。受季风影响，此区域夏季多旱涝和酷暑灾害，而冬季则经常发生低温雨雪冰冻灾害，春季又多沙尘天气。这些灾害给此地区带来严重经济损失和重大人员伤亡。随着全球气候变化，东亚地区气候异常变得更剧烈，这导致了各种气候灾害造成的损失更加严重，因此，应对气候变化的研究也变得更加重要。

季风不仅是一种大气环流系统，而且是一种海－陆－气相互作用的耦合系统（Webster et al.，1998）。因此，东亚季风也不仅仅只是一个东亚上空随季节有明显变化的环流系统（图 5-1-1），而是受海洋、陆面、冰雪和高原影响的一个区域气候系统（Huang et al.，2012）。这个系统包括：大气圈的亚洲季风和西太平洋副热带高压、中高纬度扰动；海洋圈的热带西太平洋热力状态和上空对流活动、热带太平洋厄尔尼诺 / 南方涛动（ENSO）循环及热带印度洋的热力状态；陆面的东亚季风区、青藏高原的高寒区和干旱 / 半干旱区等的陆－气相互作用；冰雪圈的青藏高原和欧亚大陆积雪及极冰等。它们的变异及其相互作用对东亚气候的季节内、年际和年代际变异有重要影响。

（a）东亚冬季风 （b）东亚夏季风

图5-1-1　东亚冬季和夏季气候平均气流示意图（图由陈文提供）

自工业革命以来，特别是最近100多年来，全球气候表现出显著的变化。尽管全球平均来看表现为明显的增温趋势，但就各地区来看则表现为非常复杂的不同特征。一方面，并不是全球每个区域都增暖，在大部分地区增暖的同时，却有的地区在变冷，如北太平洋表现为变冷的趋势；另一方面，即使是增暖的区域也存在明显的地域性差异，如在增暖最显著的中高纬地区，欧洲的增温和中亚、东亚的增温却不一致。此外，许多地区在年平均上存在增温趋势，在不同季节有不同的增温，即冬季和夏季可能有不一致增温，甚至相反。从物理成因来看，造成这种复杂气候变化既包括温室气体、气溶胶等人类排放引起的直接辐射强迫及间接效应的作用，也包括太阳活动、火山喷发等自然因素对气候系统的外强迫影响，还包括海－陆－气耦合气候系统内部自然振荡的影响。并且，不同地区下垫面状况不同，其气候受这些因素的影响程度、方式也可能不同。

东亚地区属于季风气候区，它不仅对全球气候变化的响应和机理与其他地区有不同之处，而且对全球气候变化也有影响，也会产生反馈作用。

从上述可见，东亚季风气候对全球气候变化的影响、响应的机理和应对气候变化是我国大气科学和全球气候变化研究中所面临的一个重大科学问题。

第二节　国际研究动态

20世纪大气科学的重要进展之一是各国科学家和政府认识到全球气候在变暖且引起了地球环境的变化。这个问题不仅引起国际科学界的极大关注，而且也引起了世界各国民众和政府的重视（叶笃正，1996），因而全球气候变化及其对环境影响的研究迅速在全球展开。全球增暖及其对环境的影响不仅成为世界科学研究的热点，而且成为国际外交关注的焦点，现在它已成为大气科学的一个重要分支领域。

一、全球气候变化及其对环境影响的研究和评估已成为世界科学研究的热点

20 世纪 80 年代前，全球气候变化问题的严重性并没有被人们所认识，直到 20 世纪 80 年代，人们才认识到人类活动所带来大气中 CO_2 浓度急剧增加导致了全球显著变暖，在最近 100 年中北半球平均近地表的气温上升了 0.6℃ (图 5-2-1)。气候变暖已在全球范围造成了严重的影响，如旱涝气候灾害的加剧、大片土地荒漠化、粮食减产、水资源缺乏、生态环境恶化、海平面升高等。于是，20 世纪 80 年代以来，大气中 CO_2 等温室气体浓度的增加所引起的全球增暖问题已成为国际地球科学中重要的研究热点之一。最近几年不仅在大气科学，而且在海洋学、地理学、生态学、水文学、地质学和社会科学等相关领域都掀起了对它的研究热潮。

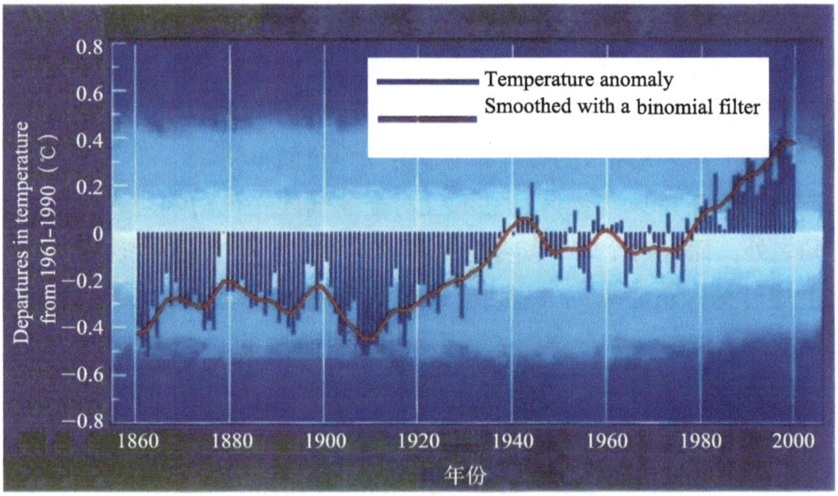

图5-2-1　北半球气温距平变化 (IPCC，2007)

为了应对全球气候变化所带来的挑战，国际科学界不仅进行了全球气候变化的事实、特征、成因和趋势的科学研究，而且进行了气候变化对环境、生态、水资源、食品、人类健康等影响的科学研究和评估，并制定了一系列相关的国际条约。为评估全球气候变化及其对全球环境的影响程度，WMO 和 UNEP 于

1988 年联合成立了政府间气候变化专门委员会（IPCC）。这个委员会邀请了世界各地的科学家按照一定程序对全球气候变化的事实、特征、成因和趋势及全球气候变化对全球环境、生态、水资源、食品、人类健康产生的影响展开评估，于 1990 年、1995 年、2001 年、2007 年发表了四次评估报告（Le T et al.，2007；王伟光和郑国光，2010）。这些评估报告不仅评估了与全球气候变化相关的一些重要科学问题，如全球气温的变率及变化趋势、温室气体和气溶胶的辐射强迫对气候的影响过程和数值模型等，而且评估了气候变化对环境、生态、水资源、食品和人类健康的影响程度等。IPCC 在几次报告中都强调了人类活动造成的大气中 CO_2 浓度上升可能是近 50 年来全球变暖的主要原因（王伟光和郑国光，2010）。这些评估报告在联合国气候变化大会的谈判中起到重要作用。

二、气候变化问题已成为各国政府为促进社会和经济可持续发展必须考虑的一个重要问题

全球气候变化及其影响不仅成为国际上重要的科学研究课题，而且已成为各国政府在制定政策与进行经济建设决策时必须考虑的一个重要问题。从 20 世纪 90 年代起，全球气候变暖及其影响不仅仅只停留在研究和评估上，而且已成为制定相关的国际条约一系列外交活动的重要内容（张泉涌，2011）。特别是 1992 年 6 月联合国的环境与发展大会上，许多国家已签署了“气候变化框架公约”，并于 1995 年 3 月在德国柏林召开缔约国第一次大会，确定了发达国家温室气体排放的削减目标。并且，1997 年 12 月在日本京都召开了缔约国大会，通过了具有约束力的京都议定书，许多国家签订了此议定书。这些标志着全球气候变化问题已成为各国政府为促进本国社会和经济持续发展所必须考虑的一个重要科学和政策问题。

三、全球气候变暖的区域响应理论正受到重视

国际全球气候变化研究特别重视对全球气候变暖的区域响应的研究。当前，在全球变化的区域响应出现了几种不同理论，如 Held 和 Soden（2006）提出暖的区域将会变得更暖（Warm get warmer）；在热带降水方面 Held 和 Soden(2006) 及 Chou 等 (2009) 提出湿的区域将会变得更湿（wet get wetter）；而 Xie 等（2010）提出热带暖的区域则会变得更湿（warm get wetter）；最近，Huang 等（2013）

提出上述两种机制共同作用才能完整解释过去多年热带降水对全球增暖的响应。可见，全球气候变暖的区域响应理论正受到各国科学家的重视，可以相信，今后全球变暖的区域响应及其机理将会从热带扩展到副热带和中高纬度地区，特别是季风区气候对全球气候变暖的响应及其机理将可能提出创新理论。

四、中国在全球气候变化及区域气候响应和影响方面研究迅速发展

自“八五”以来，特别是近十年，我国通过了科学技术部“973”计划一系列项目，在全球气候变化方面围绕东亚季风、黄土与古气候、亚印太交汇区海-气相互作用、陆地/海洋碳循环、气溶胶的气候效应、北方干旱化与人类适应、我国冰冻圈动态过程及其对气候的影响、北太平洋副热带环流变异对近海动力环境的影响、生物多样性演变和保护、气候变化的社会经济影响分析和减缓对策等方面进行了系统的研究。特别是相继开展了“我国重大气候灾害形成机理及预测理论研究”“北方干旱化与人类适应”“亚印太交汇区海气相互作用及其对我国短期气候的影响”“中国大气气溶胶及其气候效应的研究”“我国冰冻圈动态过程及其对气候、水文和生态的影响机理与适应对策”“全球变暖背景下东亚能量和水分循环变异及其对我国极端气候的影响”“平流层大气基本过程及其在东亚气候与天气变化中的作用”“我国东部沿海城市带的气候效应及对策研究”等“973”计划项目的研究工作，取得了许多重要研究进展。

除了上述基础研究，国家还编制完成了一系列《气候变化国家评估报告》，于2006年12月发表了中国第一次《气候变化国家评估报告》，并于2011年11月发表了中国第二次《气候变化国家评估报告》。2012年在中国科学院和中国气象局的支持和资助下又发表了《中国气候与环境演变：2012》（秦大河等，2012），此报告目的在于与2013~2014年IPCC等五次评估报告的出版相衔接。并且，为贯彻落实《国家中长期科学和技术发展规划纲要（2006—2020年）》，并为国家和相关部门在国际气候谈判和应对气候变化提供科技支撑，科学技术部于2010年又启动了《全球变化研究重大科学研究计划》，针对全球气候变化研究中的关键科学问题，部署了一批项目，从而在全球和区域气候变化领域开展基础性、战略性、前瞻性研究。通过这些项目研究可以全面提升我国在全球气候变化研究的竞争力。

第三节　亟须开展研究的科学问题

我国东部地处东亚强季风区，受东亚季风的显著影响，我国的气候有其独特的变化，而我国西部地处干旱 / 半干旱区，此区域气候变化有别于东部季风湿润区，因此，我国不同区域对于全球气候变化有不同响应。弄清近百年来东亚区域气候变化趋势的主要特征，揭示东亚气候系统对全球气候变化响应过程和机理，提出我国应对气候变化的对策，并研究东亚气候变化对全球气候变化的反馈作用是此领域重要的科学问题。

一、东亚气候对全球气候变化的影响

东亚区域的气候变异对全球气候变化有重要的影响。青藏高原作为全球海拔最高、面积最大的高原，其高原上空的大气热源不仅影响亚洲季风的爆发，而且还引起大气环流异常遥相关的变化，进而影响全球（特别是北半球）其他地区的气候变化。并且，东亚季风的变化可以改变中纬度急流和热带对流，从而引起北美等地的气候变异。因此，东亚地区气候变异对全球气候变化有一定反馈作用。

二、在全球气候变暖背景下东亚冬、夏季气候年代际变化特征及其机理

东亚地区气候变异与全球气候变化相关联，此区域气候变异也有与全球增温的趋势一致之处。东亚地区从 20 世纪 70 年代末开始气温连续上升，这种增温在中国冬季尤其明显，如图 5-3-1 所示，从 80 年代中后期开始中国连续发生暖冬，即东亚冬季风明显减弱，而从 90 年代末起，随着东亚冬季风逐渐增强，中国北方冬季气温又逐渐降低。并且，东亚地区东部是季风湿润区，西部是干旱 / 半干旱区，西南部是青藏高原，这些区域的下垫面有明显不同，它们对全球气候变暖有不同响应，呈现非均匀响应。因此，我国不仅要研究季风区在全球气候变暖背景下东亚季风区气候的年代际变化特征及其机理，而且要研究干旱 / 半干旱区和高原区域在全球变暖背景下气候变化特征及其机理。

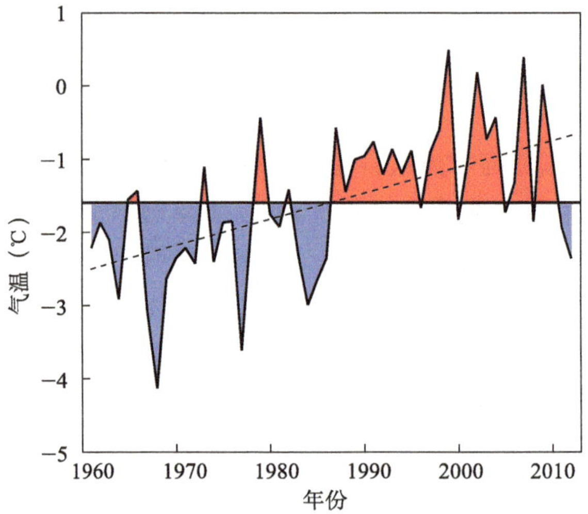

图5-3-1　中国冬季地表附近气温的年际变化（图由刘永提供）

然而，至今为止，我们对于东亚不同区域对全球变暖不同响应的过程和机理在科学上还缺乏深入研究。尽管人们从方方面面就东亚气候对全球变暖的非均匀响应开展了大量的研究，但这些研究大多只在资料分析方面。虽然在气候模式试验方面也有一些研究，但这些研究往往只是针对某一个具体的局部气候变化，离正确认识东亚区域对全球气候变化的响应还有不小的距离。随着全球变暖，季风湿润区变得更湿还是变干？干旱区变得更干还是变湿？这些都是应对气候变化亟须研究的科学问题。东亚地区气候变化与全球其他地区有很多相似性，但同时还有许多特征，正是因为这些特征，我们在着眼全球气候变化研究的同时，还要有针对性对东亚区域与全球范围气候变化趋势的异同及其成因和机理进行深入研究，这应是中国气象学家所面临的重要科学问题。

三、在全球变暖背景下东亚能量和水分循环变化及其对中国极端气候的影响

东亚地区下垫面复杂，既有西部的戈壁、沙漠的典型干旱区、黄土高原和草原的半干旱区，又有东部的海洋和季风湿润区，在西南部还有全球最高的高原——青藏高原。这些区域具有不同的下垫面，因而有不同的能量和水分循环。20 世纪 70 年代后期以来，受全球气候变暖的影响，这些具有代表性和典型性的下垫面能量和水分循环特征发生了很大变化，并对极端气候的发生有严重影响，它使我国夏季大范围的旱涝、酷暑和冬季低温雨雪冰冻等重大气候灾害频繁发

生。因此，开展在全球气候变暖背景下东亚地区不同下垫面能量和水分循环的变化特征及其对中国夏季旱涝、酷暑和冬季低温雨雪冰冻等极端气候发生的影响过程及其机理研究不仅具有重要科学意义，而且对提高气候灾害和天气灾害的预测预报水平，减轻灾害造成的损失方面具有广泛的应用价值。

四、土地利用和陆面状况变化对东亚气候系统变化的影响

当前全球人类活动以空前的规模和速度不断改变着陆地环境，其中土地利用所引起陆面状况变化是全球环境变化的主要原因和重要组成部分，它的改变对全球气候变化有重要影响，因此，土地利用和陆面状况变化是国内外全球变化研究的重点领域。在区域尺度上，土地利用 / 覆盖变化改变了陆地植被的分布，并通过改变地表反照率、土壤湿度、地表粗糙度等陆面属性而改变地 - 气系统能量交换，影响地 - 气辐射平衡和水分平衡等过程，进而引起地面气温和大气湿度状况的变化，同时通过影响局地环流和对流活动而导致区域性降水变化。东亚地区是近几十年经济发展最迅速的地区，土地利用和陆面状况已发生了急剧改变，因此，有必要开展东亚地区土地利用和陆面状况变化对东亚气候系统变化的影响研究。

五、我国近海和邻近海对全球气候变化的响应

我国沿海地区是我国人口密集和经济发达的地区。我国近海陆架有非常丰富的生物资源和物种多样性，是世界上生产力最高的陆架海之一，因而我国近海生态系统成为我国沿海地区社会和经济可持续发展的重要基础。观测表明，气候变暖正在改变着全球不同海域的海洋生态系统，特别是改变着中国近海的海洋生态系统。中国近海近几十年来呈现持续变暖态势，其增温幅度要比陆面还大，这可能已影响到中国近海海洋生态系统及其对社会的服务功能，进而威胁着我国沿海地区社会经济的可持续发展。

我国近海地处东亚强季风区并毗邻西太平洋暖池，受东亚季风、西北太平洋强边界流黑潮、沿岸流和江河冲淡水等因子的影响显著，因此，中国近海和邻近海对全球气候变化的响应明显与陆地的响应不同。然而，有关全球气候变化对我国近海和邻近海气候影响的认识还十分有限，因此全球变暖背景下中国近海和邻近海的气候变化及其对海洋环境的影响是今后值得研究的重要科学问题。

六、云-气溶胶-辐射相互作用及其对季风的影响

气溶胶是悬浮在大气中的固态粒子或液态小滴物质的总称。烟尘、霾、霭、微尘和烟雾等都是天然或人为原因形成的大气气溶胶。随着人类活动、汽车尾气和工业排放的增加，大气中气溶胶浓度在不断增加。气溶胶一般作为水滴和冰晶的凝结核，并是太阳辐射的吸收体和散射体，参与大气中各种化学循环，是大气的重要组成部分之一。大气气溶胶的各种气候效应均影响云的形成和水循环，因此，研究气溶胶与云形成和发展的关系，特别是与云的垂直分布的关系以及与辐射关系等对于大气降水及气象灾害的预报等有重要的科学意义。大气中气溶胶与气候变化的相互影响是当今大气科学研究前沿，其重点研究内容有三个方面：①气溶胶的直接气候效应，如减少到达地面的太阳辐射和蒸发，对云的形成和降雨的影响；②气溶胶的半直接气候效应，如云蒸发和降雨减少；③气溶胶间接气候效应，如作为云凝结核，影响云的形成、云的生命周期以及降雨效率和降水分布。气溶胶对云和辐射都有重要影响，它势必影响季风环流，因此，气溶胶对季风环流和水汽输送、降水的影响也是当今国际上热门的研究课题。

七、人类活动对亚洲季风变化影响的数值模拟和预估

温室气体导致的全球气候变暖、土地利用变化引起的区域气候演变及空气污染物排放造成的区域气候变化等都是人类活动影响气候变化的重要方面，其中由人为排放引起的大气中温室气体浓度上升可能是现代全球性气候变暖趋势的主要原因。全球气候变暖不仅影响大气水汽含量的变异，而且将严重影响季风的变异，特别是将会给我国一些地区带来严重干旱和洪涝频繁发生的可能性。因此，有必要利用数值模拟研究人类活动对亚洲季风变化的影响，特别是分别研究亚洲区域的海岸带、高山带、半干旱带、城市群等四种易受季风影响的地理带的气候变异，以便深入了解人类活动造成的温室气体浓度的增加、土地利用的改变及空气污染的加重等对亚洲季风的影响。并且，利用气候系统数值模式和区域气候模式来模拟自然因素和人类活动引起的温室气体排放对未来气候变化的影响，研究未来全球气候变暖背景下亚洲季风的演变及其不确定性，预估亚洲季风未来的变化趋势，特别是预估亚洲季风降水未来的变化趋势。这些都是亟须研究的重要科学问题。

八、对全球气候变化的适应研究

由于全球气候变化给全球各区域的环境、生态、粮食、水资源和沙漠化带来了严重影响，国际上召开了一系列重要会议讨论全球气候变化对环境、生态、粮食、水资源、沙漠化等的影响，以及讨论如何适应全球气候变化，以减缓气候变化的影响。当前，全球气候变化的适应问题已经成为全人类共同关注的全球性重大问题，并是影响国际外交谈判和国家间竞争力的重要因素。受全球气候变化的影响，我国气候灾害不仅灾种多、范围广，而且造成的损失巨大，因此，全球气候变化的适应研究不仅对国家防灾减灾具有重大意义，而且可为我国可持续发展提供有力科技支撑，以及为制定气候变化应对措施和履行气候变化国际公约提供科学基础。因此，当前只有加强对全球气候变化的适应研究，才能为国家应对全球气候变化决策、制定可持续性经济和社会发展政策提供重要科学依据，从而实现社会和经济的可持续发展。

第四节　关键的科学问题

一、气候变化的区域响应理论

近年来，国际上关于热带降水对全球气候变暖的响应及今后的变化趋势提出许多重要理论，今后东亚季风湿润区及中亚和我国西部干旱区气候对全球气候变暖的响应趋势及其机理将是我国气候变化研究的一个关键科学问题。

二、东亚不同下垫面能量水分循环过程及其对气候的影响机理

正如上节所述，东亚有不同的典型下垫面，有湿润的季风区，有干旱和半干旱区，有高原等高寒区，还有草原等下垫面。下垫面不同，区域能量和水分循环过程就不同，如何通过观测试验、资料分析及气候数值模式来分析、诊断和模拟亚洲各区域不同下垫面能量和水分循环过程及其对气候的影响机理，也是我国气候变化研究中的一个关键科学问题。

三、东亚季风变化趋势的预估及其不确定性

IPCC-AR4 和 IPCC-AR5 中海－陆－气耦合的气候数值模式对东亚季风降水的模拟存在很大偏差，且各模式间的模拟结果也有很大不同，因此，利用气候数值模式对东亚季风今后变化趋势的预估有很大的不确定性，特别是对于季风降水变化趋势的预估有很大的不确定性。这表明东亚季风变化趋势的预估及其不确定性仍是今后我国气候变化的一个关键的科学问题。

四、东亚季风对全球气候变化的反馈过程

东亚季风系统的强对流和强降水对全球气候变化有很重要的反馈作用。然而，目前我国对该问题研究较少，因此在全球气候变化研究中应加强对这个问题的研究。

第五节　对今后研究的主要建议和措施

一、加强我国气候模式对不同排放情景下气候变化的模拟和预估

我国现在有四个气候数值模式参加 IPCC 评估报告，各模式对过去全球气候变化的模拟和今后全球气候变化趋势的预估都很不同，特别是对我国夏季旱涝灾害有严重影响的东亚夏季风降水雨带的模拟变化趋势不仅有很大偏差，而且对未来变化趋势的预估有很大不确定性，所以加强比较、综合和集成我国气候模式对不同排放情景下东亚和全球气候变化的模拟及今后变化趋势的预估是很有必要的。

二、加强我国气候模式中物理过程的研究

我国现有的气候数值模式中关于海－陆－气各分模式中物理过程的描述和数值方案大部分是引用国外的研究，这些方案有的适用于对东亚气候变化物理过程的描述，但也有些不太适用于对东亚气候变化物理过程的描述，如现有的积

云参数化方案就不适用于对东亚梅雨锋云系的描述。因此，加强我国气候数值模式中适用于描述东亚气候变化的物理过程及其数值计算方案的研究是很有必要的。

三、重视全球变暖背景下中国天气气候灾害变化趋势的研究

我国地处东亚季风区，季风引起的降水随时间和空间分布变化严重不均匀，导致中国各种天气气候灾害异常严重，并随全球变暖有加重的趋势。因此，要特别重视全球变暖背景下未来中国天气气候灾害演变趋势预估的研究，以便为我国应对全球气候变化提供科学依据。

四、开展全球气候变暖背景下中国气候区划研究

我国气候区域划是早在 20 世纪五六十年代划分的，这个区划能大概描述我国各区域的气候状况，为我国各有关部门提供了很长时间的服务，但现在看来，这个区划显得过于粗糙，随着观测站点的增多和观测时间长度变长以及观测手段增多，很有必要重新研究我国气候区域的划分。其原因如下：一是经过 60 多年积累了大量观测资料，不仅资料时间长，而且空间分布密，观测精度也大大提高；二是随着全球气候变暖我国气象季节和节气已发生了很大变化，如春夏季节有提前的趋势，而秋冬季节的到来有推迟之趋势；三是气候作为一种资源，如太阳能、风力都应加入气候区划。因此，应把中国气候区域研究作为我国气候研究的一项重要工程来开展。

总之，鉴于东亚是季风气候，它不仅对全球气候变化的响应及其机理与其他地区有所不同，而且对全球气候变化也有一定影响。为了更科学地应对气候变化，本章提出东亚气候对全球气候变化的影响、响应、机理和应对是当前我国大气科学和全球气候变化研究所面临的一个重大科学问题。并且，本章还从国际当前对全球气候变化的研究动向及我国对气候变异和应对气候变化研究的实际需求提出了此重大科学问题中亟须研究的七个科学问题，以及今后对此重大科学问题的研究建议和应采取的重要措施。

参考文献

秦大河，丁永健，穆穆，等 . 2012. 中国气候与环境演变 . 北京：气象出版社 .

王伟光，郑国光 . 2010. 应对气候报告——坎昆的挑战与中国的行动 . 北京：社会科学文献出版社 .

叶笃正. 1996. 关于全球变化的若干科学问题. 国家自然科学基金委员会 . 现代大气科学前沿与展望 . 北京：科学出版社 .

张泉涌 . 2011. 全球气候变近 . 台北：五南图书出版公司 .

Chou C, Neelin J D, Chen C A, et al. 2009. Evaluating the rich-get-richer mechanism in tropical precipitation change under global warming. J. Climate, 22: 1982-2005.

Held I M, Soden B J. 2006. Robust responses of the hydrological cycle to global warming. J. Climate, 19: 5686-5699.

Huang P, Xie S P, Hu K, et al. 2013. Patterns of the seasonal response of tropical rainfall to global warming. Nature Geoscience, 6: 357-361.

Huang R H, Chen J L, Wang L, et al. 2012. Characteristics, processes, and causes of the spatio-temporal variabilities of the East Asian monsoon system. Adv. Atmos. Sci., 29: 910-942.

Intergovernmental Panel on Climate Change (IPCC). 2007. Climate Change 2007: The Scientific Basis. New York: Cambridge University Press.

Le T, et al. 2007. Historical overview of climate change science//Climate Change 2007. The Physical Science Basis, Contribution of Working Group I to the Fourth Assessment Report of IPCC: 92-127.

Webster P J, Magana V O, Palmer T N, et al. 1998. Monsoons: Processes, predictability, and the prospects for prediction. J. Geophys. Res., 103: 14451-14510.

Xie S P, Deser C, Vecchi G A, et al. 2010. Global warming pattern formation: sea surface temperature and rainfall. J. Climate, 23: 966–986.

第六章

重大问题四：地球/气候系统数值模型的发展

第一节 引　言

地球系统模式是基于地球系统中的动力、物理、化学和生物过程建立起来的数学方程组（包括动力学方程组和参数化方案）来确定这个系统各个分量（大气圈、水圈、冰雪圈、岩石圈、生物圈）的性状，由此构成地球系统的数学物理模型，然后用数值的方法进行求解，并在计算机上付诸实现的一种综合性系统数值模型（图 6-1-1）。气候和环境变化是地球系统五大圈层相互作用的结果，因此要正确认识气候系统的变化规律，就必须从了解各圈层之间复杂的相互作用的动力、物理、化学和生物过程出发。图 6-1-1 所示的各圈层耦合的地球系统数值模式就成了理解地球气候系统中气候变化规律、特征和趋势，特别是预估未来气候变化趋势的最重要的、甚至是不可替代的研究工具。因此，地球/气候系统数值模型的发展应是我国大气科学和全球气候变化研究中所面临的一个重大科学问题。

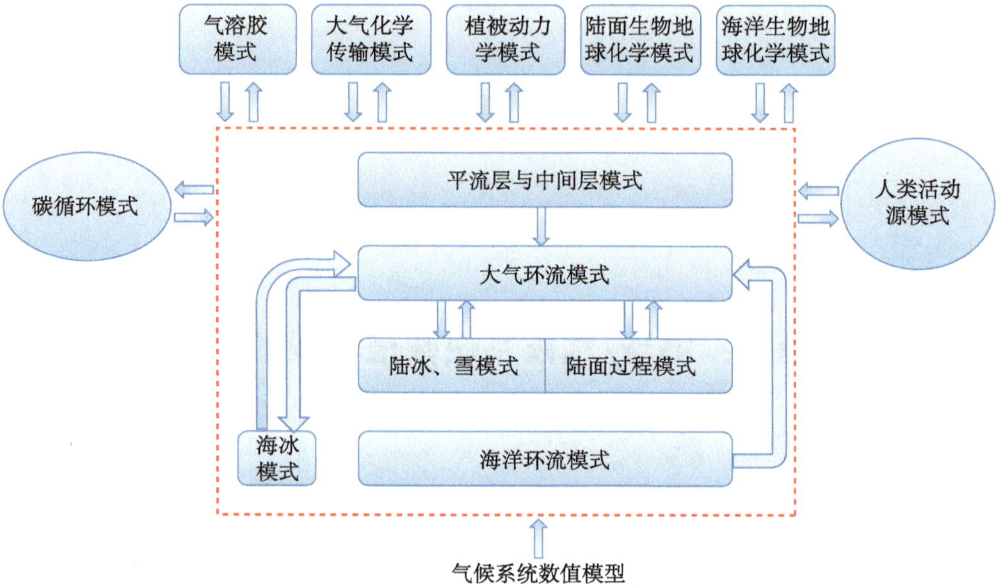

图 6-1-1　地球 / 气候系统模型及其分量示意图（图由冯涛提供）

第二节　发展地球/气候系统数值模型的科学意义

发展地球 / 气候系统数值模型不仅具有重大科学意义，而且在气候变异预测和未来全球气候变化趋势预估方面也有重大应用价值（王斌等，2008；曾庆存等，2008；曾庆存和林朝晖，2010）。

一、气候模拟、预测和预估的重要平台

地球 / 气候系统模式不仅是模拟过去气候变化、再现当今气候变异的重要平台，而且也是预测短期气候变异和预估未来气候变化的重要平台。它对于研究地球 / 气候系统起着不可替代的作用，其发展水平已成为国际学术界综合评估一个国家在全球气候变化科学领域整体研究能力的重要指标。国际上许多全球气候变化研究机构都把地球 / 气候系统模式的研发和气候变化的模拟作为最重要的研究方向之一。因此，当今地球 / 气候系统模式及其各个分量模块的发展水平和性能已经成为衡量一个国家地学综合研究水平的重要标志。

二、多学科交叉的平台

地球 / 气候系统数值模式也是集成地学多学科研究的重要平台。它的研发涉及许多学科领域，这些学科领域不仅仅涵盖海洋科学、水文科学、冰川学、自然地理学、生态学等地球科学各领域，而且与计算科学、高性能计算机硬件和软件的研发密切相关。一个国家的地球 / 气候系统模式模拟性能的好坏，不仅可以反映这个国家的地球科学研究实力，而且在很大程度上体现着这个国家综合科学技术水平的高低。

三、气候系统物理、化学、生物过程的研究平台

地球系统数值模型是地球系统所含的大气圈、水圈、冰雪圈、岩石圈、生物圈五大圈相互作用的数值模型，它不仅包括气候系统各圈层相互作用的物理过程，而且包括气候系统中各圈层相互作用的化学和生物过程。因此，气候学家不仅可用地球系统数值模型来研究气候系统的物理过程，而且可以用地球系统数值模型来研究气候系统中的化学和生物过程。这种模型对研究气候系统中各圈层相互作用的物理、化学和生物过程起着不可替代的作用。

四、地球系统观测资料整合、同化的平台

地球系统数值模型不仅是研究气候变化的平台，而且也是地球系统各圈层观测资料整合、同化的平台。为了能够模拟和再现过去和当今的气候变化，并预估未来气候的变化趋势，地球系统数值模型需要各圈层的观测资料，为此，它必须整合各圈层的观测数据。并且，各圈层的观测数据有的是常规观测所得到的，有的是非常规观测所得到的，这些观测资料还必须进行同化，因此，地球系统数值模型不仅是整合地球各圈层观测资料平台，而且还是不同圈层资料同化的平台。

从上述可见，发展地球 / 气候系统数值模型不仅具有重大科学意义，而且还具有广泛的应用价值。

第三节 国内外研究动态

鉴于地球/气候系统数值模型在模拟和预估全球气候变化的重要作用，当前一些先进国家都正在积极研制大气圈、海洋圈、冰雪圈、岩石圈、生物圈和人类活动各圈层的动力、物理、化学、生物和水文过程及其相互作用的第一代地球气候模式，并积极发展高分辨率气候系统数值模式。

一、先进国家正在努力发展地球/气候系统数值模型

美国、欧洲、日本等都先后提出了各自的地球系统数值模式发展计划。美国在 NCAR、NOAA、国家能源部（DOE）、国家航空航天局（NASA）等单位支持下于 2000 年提出"联合气候系统模式发展计划（CCSM）（2001 ～ 2005）"；并从 2001 年起，美国 NCAR 在 NASA、国防部和国家自然科学基金会的共同资助下又启动了"地球系统模拟框架"（ESMF）研究计划。现在已有 19 个实力雄厚的研究机构投入到了这个计划的研究与实施中。美国 NCAR 提出了一个如图 6-3-1 所示的通用地球系统模式（CESM）。这个地球系统模式包括了地球系统各圈层的动力、物理、化学、生物和水文过程及其相互作用。

与此同时，欧洲各国也联合提出了"欧洲地球系统模拟网络"（ENES）研究计划，并分成下属"地球系统模拟集成"（PRISM）和"气候资料存储与分发"两个子计划。PRISM 于 2001 年底启动，有欧洲各国的 22 个研究机构投入了该计划的研究和实施。

日本在日本科学技术厅、日本原子能研究所、日本国家空间发展署、日本海洋科学技术中心、理化研究所等单位支持下提出了两大气候研究计划：一是从 1997 年开始的"全球变化前沿研究系统"（FRSGC）计划，目标是预测异常气候、全球变暖和生态破坏等灾害；与此同步，还启动了"地球模拟器"（earth simulator）计划，并于 2002 年研制成功世界上最快的超级计算机系统——地球模拟器，在国际上率先开展了超高分辨率的全球气候系统模式的研发和模拟研究。当前，日本已应用了计算速度更快的第二代地球模拟器。

澳大利亚气象局与澳大利亚联邦科学与工业研究组织（CSIRO）联合澳境内大学共同发起了"澳大利亚气候与地球系统模拟器"（ACCESS）计划。

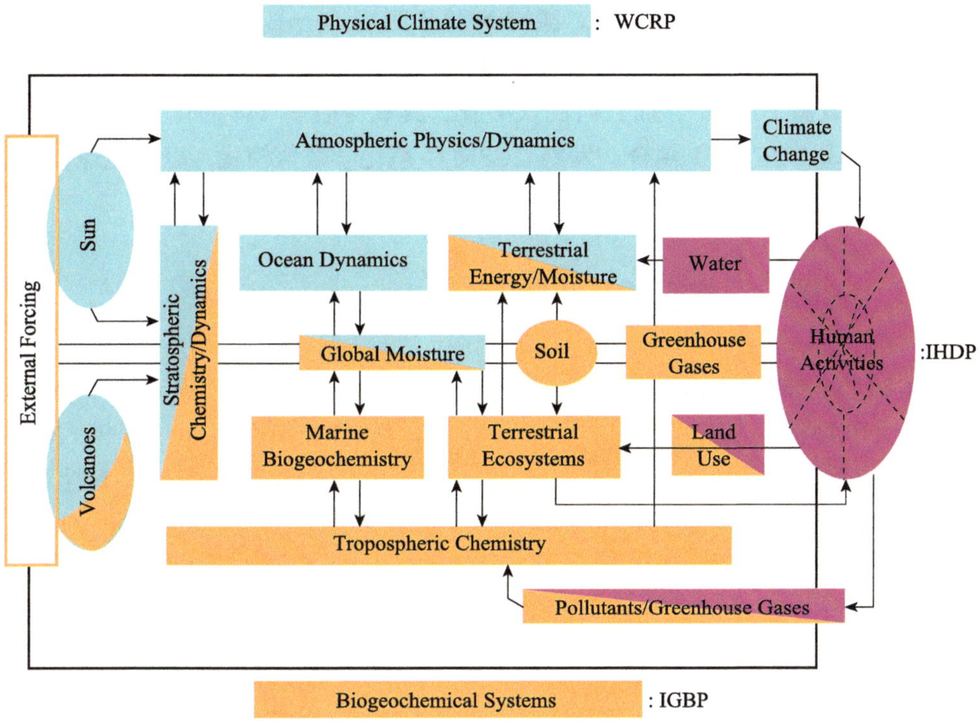

图6-3-1 美国NCAR通用地球系统模式框架图（CESM）（图引自http://www.cesm.ucar.edu/models/cesm1.2/[2015-5-30]）

此外，英国气象局哈德利气候预测与研究中心、德国普朗克气象研究所、法国、韩国、挪威等国家也都提出了各自的地球系统数值模式发展计划。

二、关注地球/气候系统数值模型中大气化学过程、陆地和海洋生物地球化学过程的描述

大气中 CO_2、CH_4 等温室气体浓度的增加致使全球不断增暖，20 世纪 90 年代起又有加速增暖的趋势。温室气体与大气和海洋中碳、氮、磷等化学循环过程有关。21 世纪初，人们认识到要搞好地球 / 气候系统数值模型，不仅要把地球 / 气候系统中各圈层的物理和动力过程研究清楚，而且要深入研究大气圈、海洋圈、岩石圈和生物圈的生物地球化学过程，特别是这些圈层中的碳、氮、磷等化学循环过程。而地球系统中各圈层中生物地球化学过程异常复杂，要搞清这些复杂的循环过程比研究这些圈层的动力和物理过程要难得多。因此，一些先进国家为了发展地球 / 气候系统数值模型而制定了相应的大气和海洋的化学过

程对气候影响的研究计划。例如，美国 NCAR 制定了一个为期 10 年的化学－气候联合研究计划。依据这个计划，NCAR 不仅在亚马孙流域实施大尺度大气－生物圈研究试验（LBA），而且研制气溶胶、臭氧与痕量气体的化学模式，并与气候系统模式（CCSM）耦合，发展 CCSM 生态化学数值模式，以便地球 / 气候系统数值模式能够更加完整和系统。

三、我国地球/气候系统数值模型的发展现状与问题

自 20 世纪 80 年代至今，中国科学家不仅在物理气候系统模式（其分量模式包括大气环流模式、海洋环流模式、海－气耦合模式、陆面过程模式和海冰模式等）作出许多很成熟的研究，而且在大气和海洋化学模式、地球生物化学模式的发展和应用等多方面也有一定的经验和积累，初步形成了一个地球系统模式的雏形。并且，中国地球科学通过多年的研究，已经积累了大量有关大气、海洋、陆面、冰雪、高原和生态系统等的观测数据。同时，在模式发展过程中已经培养了一批研制气候模式的专家，形成了多支模式发展的研究团队。我国发展的一系列气候系统模式一直参与国际气候模式比较计划，为各届 IPCC 评估报告所引用。特别是大气科学和地球流体力学数值模拟国家重点实验室（LASG）已建立起一系列气候模式（图 6-3-2），并参加了 IPCC 的一系列国际模式比较计划。近年来，国家气候中心，北京师范大学、清华大学和国家海洋局第一海洋研究所等也已经建立了不同复杂程度的气候系统模式，并与 LASG 气候系统模式一起参加了 IPCC 的模式比较计划。

然而，应该看到，我国在地球系统数值模式研究发展方面也存在一些问题：①目前国内还没有一个空间分辨率较高的地球系统数值模式；②模式发展团队缺少优秀中青年科学家的不断补充，严重制约着模式的发展；③地球系统数值模式需要专用高性能计算机来保证，但我国在这方面与国际水平存在很大差距，由于各种原因目前我国缺少专用高性能的地球系统模拟超级计算装置，这严重影响地球数值模型的研究进展；④在国际应对气候变化研究领域，我国地球系统数值模拟的成果还偏少。这些可能会影响国家应对气候变化的科学决策制定。

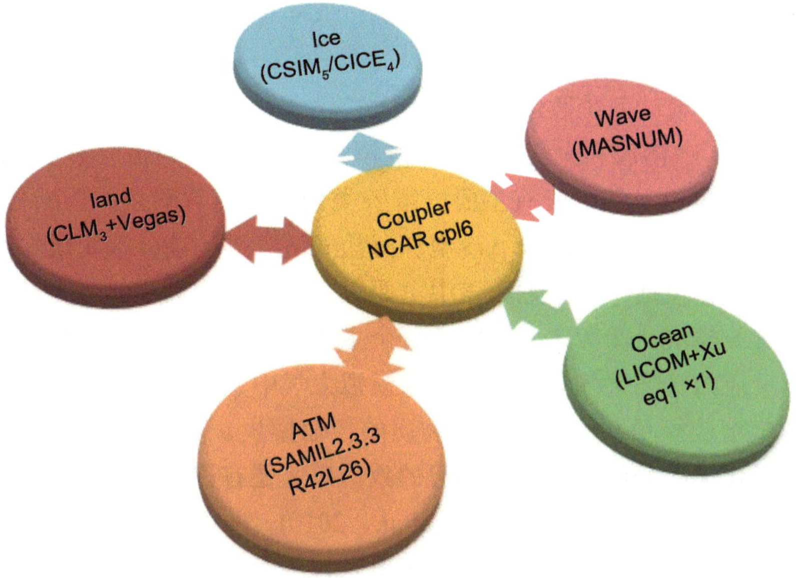

图 6-3-2 IAP/LASG 气候系统模式示意图 (Bao et al., 2010)

第四节 亟须开展研究的科学问题

一、气候系统物理过程数值模型的改进

气候系统的物理过程是指海 - 陆 - 气 - 海冰的耦合系统的动力、热力过程，是地球系统模式最重要的组成部分。它不仅制约模式性能，而且也是产生气候变化预估不确定性的重要因素。国际上在此领域的研究虽然已经发展了 30 多年，但仍存在一些较大偏差，因此高分辨气候系统数值模式是当前国际上气候系统数值模式发展趋势之一。并且，基于各种场地观测和卫星观测资料改进模式中对气溶胶 - 云 - 辐射相互作用、中小尺度对流活动、陆面过程等物理过程的描述也是当今气候模式中亟须开展研究的科学问题。此外，虽然高分辨模式动力框架现已趋于完善，但在如何实现高效并行运算 (Zhou et al., 2012)，如何在谱模式和格点模式中极区减少网格，以便克服模式积分的不稳定性等方面还存在一些问题，仍须深入研究。

二、大气化学、陆地和海洋生物化学过程数值模型的发展

目前，关于地球系统数值模式中的大气化学和地球生物化学过程的研究在我国刚刚起步。气溶胶和大气化学分系统模式将主要模拟对流层 O_3、NO_x、CO、CH_4 等气象化学和大气中所有主要气溶胶类型，包括硫酸盐、硝酸盐、铵盐、黑炭、一次和二次有机气溶胶、沙尘和海盐气溶胶等。该分系统模式所需要考虑的主要模块将包括：①考虑大气中主要温室气体和污染物的人为排放和自然源排放的排放模块；②考虑大气中数百个主要的光解反应、气相化学反应和非均相化学反应的气态大气化学模块；③模拟大气中主要气溶胶的物理和化学形成机制的气溶胶模块；④大气化学物质的传输模块、干湿沉降模块等。当前，我国在大气化学和海洋生物化学过程的数值模式还有许多研究要做。目前，国际上已有简化的大气化学模式 (Raes et al.，2010)，并可以与物理气候模式相耦合，我国亟须引进和消化，并基于东亚地区各要素的观测实况加以改进，以便与我国自主研制的气候模式相耦合，使之成为我国地球系统数值模型的一个模块。并且，海洋生物化学过程数值模型的研究在我国也是刚刚开始，这当中也有许多科学问题要研究。此外，利用这两模块与全球气候模式相耦合来模拟地球系统中海洋和陆地的碳、氮循环也是很亟须研究的科学问题。

三、生态数值模型的发展

生态数值模型也是地球系统数值模型中一个比较复杂而困难的科学问题，包括生物的物理模块、生物地球化学过程模块以及植被动力学模块。生物的物理模块是描述植物和大气之间相互作用的物理过程，如潜热、感热交换和蒸腾作用等（Dai et al.，2003）；而生物地球化学过程模块是描述植被的生长及碳、氮等物质循环，如光合作用、呼吸作用、凋落物的矿化及碳－氮相互作用等；植被动力学模块描述各植被类型的生理和生态特征的变化，如物候、竞争、萌芽、形态学等。这些过程虽然已在一些陆面过程模式中得到不同程度的描述，但与观测仍有较大差距。因此，当前亟须开展不同下垫面上碳、氮循环观测及植物和大气之间相互作用的物理和化学过程观测，以便改进它们的数值模型，并为地球系统数值模型研究提供性能优良的生态数值模型。

四、水文过程与水循环在地球系统模式中的表述

水文过程是水文要素在时间上持续变化或周期变化的动态过程。地球系统中水循环过程不仅与陆面上水文过程有关，而且与气候变化相互作用，因此，地球系统中水循环物理过程模型的研究已成为当前地球系统数值模型研究的热点之一。当前在气候变化与陆面水文过程相互作用的研究中，亟须建立基于网格的且具有物理机制的分布式水文过程与水循环的模型，以便实现在地球系统模式中关于陆面水文过程和水循环的正确表述。为此，今后在此领域必须加大陆面水文过程的观测密度，改善观测手段，认识流域的水文过程，加强水文过程的机理理解；并且，要借鉴国外成熟经验，加强水文模型与地理信息系统的联合研究；此外，在模型的研究中还要加强遥感数据的应用来完善水文模型，并通过次网格过程与陆面模式及进一步在高分辨地球系统模式中的双向耦合。

五、发展高分辨率区域气候数值模型

由于计算机资源的限制，目前全球气候模式的分辨率一般比较低，往往不能很好地描述青藏高原复杂的地形、地貌和详细的陆面过程。并且，全球气候模式的物理参数化方案也不能完全适合于青藏高原独特的云、对流和边界层过程，从而对区域尺度的气候数值模拟存在一定的不确定性。而区域气候模式一般分辨率较高，而且云、对流和边界层参数化方案比较精细，通过高分辨率区域气候数值模式能够较好地刻画复杂地形和具有局地特征的云、对流和边界层等内部动力学过程，从而能够模拟出全球模式所不能分辨的区域气候的中、小尺度特征。因此，当前亟须研制和发展新一代超高分辨率的区域气候数值模型，并使之能够与地球系统的数值模式相嵌套，以便提高气候变异的季节、年际－年代际预测和气候变化趋势预估的水平。

第五节　关键的科学问题

一、气候系统数值模型中物理过程描述的优化

地球 / 气候系统数值模型的物理模块的研究历史较长，比其他模块要完善一

些，但在边界层和积云对流参数化尚存在许多问题。特别是东亚地形复杂，下垫面严重非均匀，边界层陆面过程异常复杂。并且，东亚季风的梅雨锋面云系是积云和层云的混合，此云系的对流活动参数化问题一直困扰着东亚气候变化的数值模拟及预测。因此，气候系统数值模式的物理过程的完善仍是我国地球/气候系统数值模型研究中一个关键的科学问题。

二、生物地球化学过程的数值模型的精细化

生物地球化学的数值模型是地球系统数值模型中一个重要模块，它异常复杂，研制也比较困难，而我国对此研究起步较晚。并且，我国不仅气候类型多种，而且下垫面和植被种类也繁多。因此，当前亟须发展能够反映中国生物地球化学过程的数值模型。

三、气溶胶-云-辐射气候效应及其参数化方案

气溶胶－云－辐射气候效应及其过程在气候变化中占据着重要位置，但它在地球/气候系统数值模型中的表述（特别是它的参数化方案）异常复杂。并且，东亚地区气溶胶－云－辐射特性有它的特殊性且它们之间相互作用非常复杂。因此，当前，亟须完善和研制在地球/气候系统数值模型中能够较好地反映东亚地区气溶胶－云－辐射气候效应的参数化方案。

四、气候模式中的水循环过程

地球系统中水循环是联系地球各圈层相互作用的重要过程。东亚是强季风区，此区域的水循环有自己独特的特征，因此，当前亟须研制能够反映东亚地区水循环过程的数值模型，从而能够完善地球/气候系统数值模型中的水循环过程的描述。

五、现有地球系统分量模式参数的优化

目前，我国虽已有地球系统各分量模式，但都不完善，因此上述各分量模式都有待于进一步完善。并且，把各分量模式组装成一个完整的地球/气候数值

模型也是一个庞大的系统工程，也应加强这方面的研究，其中耦合器软件的研制则是关键。

第六节　对今后研究的主要建议和措施

一、尽快落实地球模拟装置的建设

为使庞大的地球系统数值模式能够运算，亟须一个计算速度千万亿次 / 秒～万万亿次 / 秒的高性能超级计算装置，这在许多先进国家已经实现了。当前我国已经批准建设专用的“地球系统模拟装置”，因此，应尽快落实这一装置的立项、论证、研制和建设，争取早日有“中国的地球系统模拟装置”，以便使中国的地球系统数值模型能够在此装置进行运算。

二、建立具有国际影响力的地球/气候系统模式

我国现有若干个气候系统数值模式，仅参加 IPCC-AR5 评估的就有四个模式。这些模式各有特色，对气候变化模拟和未来趋势的预估结果也不尽相同。因此，当前应当对各种模式进行比较，取长补短，并进行集成和发展，建立有国际影响力的我国地球系统的数值模型。

三、加强地球系统的物理、生物地球化学过程的观测试验

地球系统数值模型中各分量模式都需要由观测得到的各种参数，并且各种物理、化学和生物过程也都需要以观测事实为依据的参数化形式在模式中出现。因此，加强地球系统的物理、生物地球化学过程的观测试验，获取各种观测数据，对于地球系统数值模型的发展是非常必要的。

总之，鉴于地球 / 气候系统数值模型研究不仅对大气科学的发展具有重大科学意义，而且在气候变异预测和未来全球气候变化趋势预估方面也有重大应用价值，本章提出地球 / 气候系统数值模型的发展是当前我国大气科学和全球气候变化研究所面临的重大科学问题之一。并且，本章还从国际当前对地球 / 气候系

统数值模型的发展动向和趋势以及我国对地球 / 气候系统数值模型研究的实际需求提出了地球 / 气候系统数值模型发展中亟须研究的五个科学问题，以及今后对此重大科学问题的研究建议和应采取的重要措施。

参 考 文 献

王斌，周天军，俞永强，等. 2008. 地球系统模式发展展望. 气象学报，66: 857-869.

曾庆存，林朝晖. 2010. 地球系统动力学模式和模拟研究的进展. 地球科学进展，25：1-6.

曾庆存，周广庆，浦一芬，等. 2008. 地球系统动力学模式及模拟研究. 大气科学，32: 653-690.

Bao Q, Wu G X, Liu Y M, et al. 2010. An introduction to the coupled model FGOALS 1.1-S and its performance in East Asia. Adv. Atmos. Sci., 27: 1131-1142.

Dai Y, et al. 2003. The common land model. Bull. Amer. Meteor. Soc., 84(8): 1013-1023.

Raes F, Liao H, Chen W T, et al. 2010. Seinfeld, atmospheric chemistry-climate feedbacks. J. Geophys. Res., 115: D12121.

Zhou L J, Liu Y M, Bao Q, et al. 2012. Computational performance of the high-resolution atmospheric model FAMIL. Atmos. Oceanic Sci. Lett., 5: 355-359.

第七章

重大问题五：平流层过程与日地关系

第一节 引　言

如图 1-8-1 所示，平流层位于对流层之上，其空气质量约占大气总质量的15%。它拥有地球生命紫外线保护伞的大气臭氧层，臭氧层吸收来自太阳的紫外线，使平流层顶部加热，因而在平流层随高度上升气温也上升，平流层气流就较为稳定，对流活动很弱。然而，平流层自上受到太阳辐射的作用，自下受到对流层大气波动上传的影响，还受到自然过程和人类活动所产生物质向上输送的作用，形成与对流层不同的动力、物理和化学过程。

太阳活动、火山爆发等自然因素和臭氧损耗物质等人为因素影响气候和环境过程，都要首先通过平流层的辐射、化学和物理等过程而对气候和环境产生重大影响。并且，地球系统的气候变化虽然是气候系统中大气圈、海洋圈、岩石圈和生物圈等共同作用的结果。然而，太阳是这个系统能量的根本能量来源，地球上的天气气候变化明显地反映出与太阳活动有一定的关系。太阳活动的重要现象是所谓太阳黑子，研究表明太阳爆发的黑子数与地球上天气气候变化之间确实存在着一定关系（周群和陈文，2012）。并且，最近的研究表明，太阳活动的变化也可能是全球增暖的一种因素。

关于平流层物理、化学过程及其气候效应的研究，我国过去投入的研究力量相对较小，研究队伍相对偏弱，科学积累也较少，对影响我国气候和环境的平流层关键物理、化学过程及其效应的认识不足，对平流层物理和化学过程及其气候效应模拟与预测能力不高，我国平流层的物理和化学过程变化及相应气候环境效应的预测水平远不能满足国家需求。并且，关于日地关系及其在气候变化中的作用还研究不多。为此，当前我国大气科学和全球气候变化研究迫切需要为这一新兴的国家重大需求提供基础理论、观测数据和预测预报方法。因此，平流层过程和日地关系是我国大气科学和全球气候变化研究中所面临的又一重大的科学问题。并且，加强平流层过程在气候变化中的作用研究也是我国大气科学和空间科学中一个重要任务。

第二节　国内外研究动态

国际上把处于 20～100 km 平流层、中间层和热层下层的大气层称为临近空间（near space），它是已经和准备研发的多种类型的航空器、浮空器、亚轨道航天器进行目标监视、通信、遥感、环境探测的必经之地。这些航空器与浮空器主要在平流层内活动，其持续停留时间将达到月、季甚至年。因此，平流层大气环流、辐射（特别是紫外辐射）、温度和成分等的变化都将是今后此领域关注的重要内容。当前，平流层已成为国际大气科学研究的新领域，各国和平利用空间和高新技术的迅速发展正在带动此领域研究与技术的迅速发展。

一、平流层与中间层大气动力学研究取得重要进展

平流层与中间层大气与对流层大气不同，它没有水蒸气凝结，不与海洋和地表直接进行热量交换，不直接受到地形的作用，因此，平流层与中间层会产生固有的大气环流。但是，由于地形与热源强迫产生的对流层大气准定常行星波及热带对流系统所产生的重力波会往平流层传播，这就使得平流层和中间层大气中也有各种波动及各种环流的变异，如冬季从中高纬地区对流层上传而来的准定常行星波与平流层环流产生相互作用就会产生平流层爆发性增温（Matsuno，1971）；而平流层环流准两年振荡（QBO）不仅是由于热带 Rossby

重力波和 Kelvin 波上传与平流层基本气流相互作用的结果（Lindzen and Holton，1968），而且也是热带重力波上传与平流层基本气流相互作用的结果（Sato and Dunkerton，1997）。

由于平流层和中间层大气动力学研究取得重要进展，使其已成为大气科学新的前沿研究领域。为此，在 WCRP 之下，国际上制定了一个平流层及其气候作用研究计划（SPARC）。该计划旨在了解平流层如何影响对流层气候，并预估平流层未来状况对对流层 - 平流层气候系统的影响。

二、平流层大气异常对对流层大气的影响是当今国际大气科学研究的前沿

最近大量研究表明：北半球冬季平流层大气环流异常可能对对流层的天气气候异常有重要的指示作用，特别是当平流层发生强异常事件时，往往会有自上而下的异常信号传播。如图 7-2-1 所示，这种自上而下的异常传播对于低层的极端天气气候事件的发生有重要影响。当这种自上而下的影响达到最大的时候，其影响的空间尺度和量级可以与热带中、东太平洋的 ENSO 循环相提并论（Baldwin et al.，2003a，2003b）；并且，研究也表明了平流层大气纬向风和温度

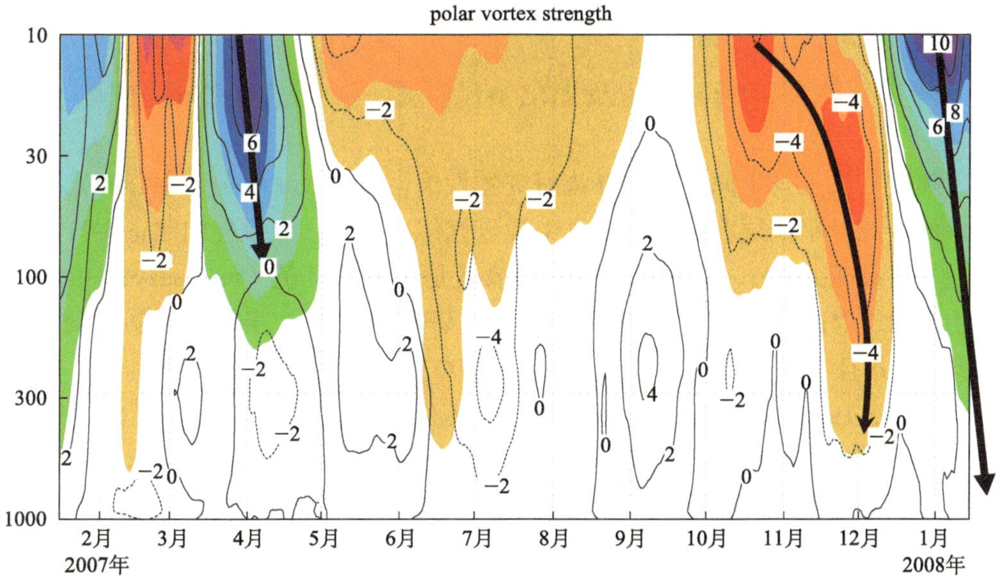

图 7-2-1　2007 年 1 月至 2008 年 2 月沿 60°N 纬向平均的纬向风（等值线，单位为 m/s）和气温（阴影，单位为℃）（图由魏科提供）

异常下传对于东亚冬季风的异常有重要影响（陈文和魏科，2009）。由于平流层过程对于全球气候变化有着重要的影响，平流层大气异常下传对对流层大气的影响也是当今国际大气科学研究的前沿。

三、平流层异常信号在天气气候预报预测中应用成为亟须解决的一个研究难题

从天气预报角度来看，中长期天气预报和短期气候预测仍然是一个十分困难的问题。若要从科学基础和方法上来提高这一能力，就需要对全球和区域气候系统进行全面的研究。近几年，经过大气科学家的不懈努力，关于平流层过程对于对流层极端天气气候事件的影响和指示作用已有一定的理论认识和观测分析依据。不少研究表明，平流层过程在对流层某些重大天气气候事件中存在着超前一周以上的“信号”和可能的因果联系，并且数值模式也可以较好地抓住平流层中的一些初始异常信号。然而，当前的不少研究表明了数值模式中很难准确再现平流层异常信号的下传过程，这正是当前数值模式未能准确预报冬季对流层低温异常的重要原因。因此，深入分析模式不能准确再现平流层信号下传的原因，并对模式中的动力和物理过程进行有针对性的改进，将是未来平流层数值模拟和冬季气候异常预测中亟待开展的一项重要研究。

四、臭氧在平流层输运及光化学过程是一个重要科学问题

随着平流层与中间层大气环流研究的发展，以臭氧（O_3）为中心的光化学反应的研究及平流层和中间层大气中微量气体成分的气候效应问题正在日益受到重视。研究表明，O_3 在平流层的净输运是由剩余环流（residual circulation）所引起的，因此，利用拉格朗日平均环流来研究 O_3 在平流层输运更合理（Sato，1977）；并且在平流层热带平流层 QBO 对 O_3 在平流层输运起重要作用（陈文和黄荣辉，1996a，1996b）。当前研究在平流层 O_3 的变化不仅要考虑 O_3 输运的动力、热力过程，而且要考虑 O_3 恢复和耗损的光化学过程。O_3 吸收太阳辐射中的紫外线而进行光化学反应，而光化学反应要释放出热量，而且由光化学反应所形成的热源势必影响平流层的基本气流与行星波的分布，因此，平流层 O_3 光化学过程与对它输运的动力过程相互作用已成为国际关注的重要科学问题。

五、太阳活动对地球气候的重要影响已引起科学家的关注

太阳辐射是地球气候系统的基本能量来源，地表和大气对太阳辐射能的吸收以及辐射平衡决定了全球平均温度，太阳活动的微小变化就会对地球气候产生影响。气象上，一般把到达地球大气外界的直接太阳辐射能的通量称为太阳常数，它并不是一成不变的。事实上，太阳时时刻刻都处于运动之中，太阳活动必然会引起太阳辐射能的变化，太阳常数也会因此而发生变化。所谓太阳活动是指太阳大气中各种现象，如太阳黑子、光斑、耀斑、日珥、射电爆发等变动的总称。对于太阳活动的特征，一般用太阳黑子数来表示。在太阳黑子数目多的时期，表明太阳活动比较活跃。相反，在太阳黑子数目少的时期，表明太阳活动比较平静。人们很早就注意到太阳黑子数的变动特征，它有比较规律的 11 年周期变化（图 7-2-2）。并且，人们也注意到太阳黑子数的周期变化对太阳常数变化，进而对气候变化的影响。一些资料分析已经表明，太阳黑子数的变化同地球气候变化有一定的联系，从长时间的变化趋势上看，两者的正相关关系还是很清楚的。从 1979 年科学家开始利用卫星观测太阳总辐射的变化，发现太阳活动峰值年与谷值年的太阳总辐射量可以变化范围在 0.1% 之内。太阳总辐射包含紫外辐射部分，而紫外辐射部分（200～300μm）的变化高达 6%～8%，这对于臭氧的产生及中层大气的加热是至关重要的。因此，世界各地科学家已经关注太阳活动变化对地球气候的影响（Gray et al.，2010；李崇银，2014）。

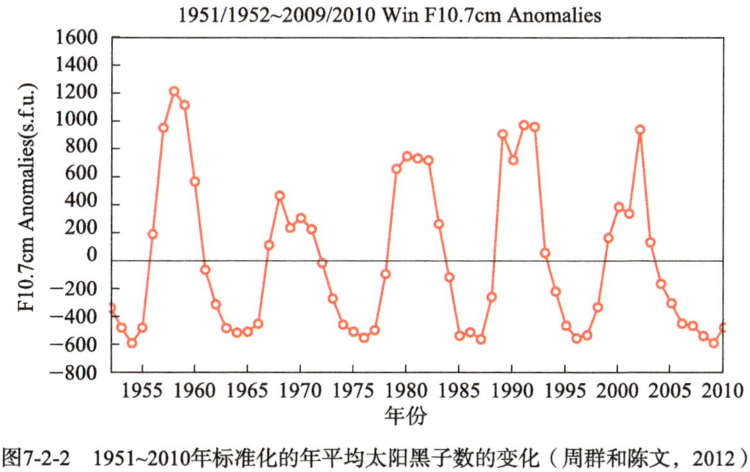

图7-2-2 1951~2010年标准化的年平均太阳黑子数的变化（周群和陈文，2012）

为了研究太阳活动对全球气候与天气的影响，ICSU 下属的日地物理科学委员会（SCOSTEP）制订了一个大型国际研究计划——“日地系统中的气候与天

气”（CAWSES）。这个计划的主要目标是增强人们认识太阳活动对地球生命和社会的影响，其中对平流层过程的作用是一个极其重要的研究课题。虽然目前已经认识到太阳活动对气候强迫的重要性。然而，地球大气中的太阳活动信号及太阳对地球大气的影响机制仍然不确定。为了回答这些问题，SPARC 专门成立了一个国际工作组 SOLARIS 并制定了相应研究计划，开展了一系列研究，其目的是阐明太阳活动对地球气候的影响，特别是关注太阳活动对地球中层大气的化学和动力影响过程及其与地表的耦合。

第三节　亟须开展研究的科学问题

根据国际研究动向和趋势以及我国经济和社会发展对大气科学和全球气候变化研究的需求，在平流层过程与日地关系研究领域亟须研究的重要问题如下。

一、太阳活动与地球大气变化的关联过程及其机理

太阳活动对于地球大气变化有重要影响，特别是对地球气候系统有很大强迫作用。地球大气地表附近的气温变化与太阳黑子数有一定关联。从 20 世纪 40 年代开始太阳黑子数增加，地球表面附近气温也随之变暖。然而，太阳活动通过什么过程来影响地球大气气候的变化至今还不清楚，有的学者认为是通过太阳的紫外辐射影响平流层 O_3 的光化学反应，进而影响地球气候系统，而有的学者则认为是通过电场来与地球大气相关联（图 7-3-1）。因此，太阳活动与大气变化的关联过程及其机理是今后亟须研究的重要科学问题。

二、东亚气候系统对太阳活动变动的响应及其过程

众所周知，作为地球气候系统的一个成员，东亚季风系统的变异对东亚许多国家和地区将带来天气气候灾害，并可能造成很大的社会、经济影响。然而，东亚气候系统的变化十分复杂，受到大量因子的影响，如受到北极涛动（AO）和厄尔尼诺 / 南方涛动（ENSO）及平流层准两年周期振荡（QBO）等影响因子的重要影响，而 ENSO、AO、QBO 对气候变异的影响都受太阳活动的调制。因

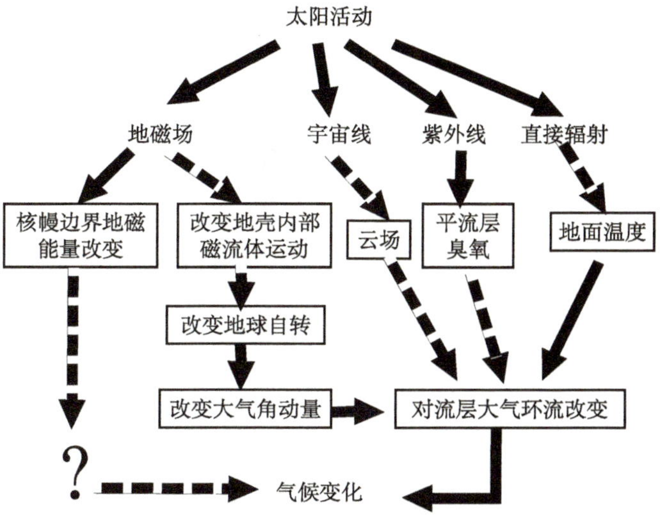

图 7-3-1　太阳活动影响地球气候的可能途径示意图（李崇银，2014）

此，有必要针对太阳活动的变动及其对东亚气候系统变异的影响过程进行深入研究。

三、对流层与平流层耦合的动力过程及物质输运过程

日常我们所见到的天气气候异常现象主要发生在对流层，而由于平流层大气质量不到对流层大气质量的 1/5，在很长时间内大气科学界认为平流层仅被动地接受对流层变异的影响，很难给对流层天气气候变异产生重要的影响。可是，这种“平流层仅被动地接受对流层变化影响”的传统观点由于近些年的研究进展正在发生改变。尽管具体的物理机制还不完全清楚，但大量的研究表明平流层大气环流重大异常过程（如平流层爆发性增温）对于对流层极端天气气候事件有着重要的影响，并对极端天气气候的预报有着指示作用。理解平流层－对流层动力双向耦合机制，寻找对流层极端天气气候发生的先兆因子，并进而发展延伸预报方法，是一个在理论和应用两方面都具有重大意义的科学问题。如图 7-3-2 所示，一方面，对流层产生的重力波和行星波会上传和破碎，从而引起平流层大气环流的改变，如热带平流层中下层准两年振荡和冬季平流层爆发性增温；另一方面，平流层大气环流的异常，如强极涡事件和爆发性增温事件在适当条件下会向下传播，对对流层环流的调整造成很大的影响。对于前者，虽有相对成熟的理论，但定量认识远远不足；对于后者，还没有比较清楚的物理

机制。此外，对流层大气成分的变化通过改变向平流层的输入从而会改变平流层大气成分浓度；反之，平流层大气成分的变化也会通过调整向对流层的输送，并会影响对流层臭氧和紫外辐射。因此，有关对流层与平流层耦合的动力过程及物质输运过程研究仍是一项亟须研究的前沿科学问题。

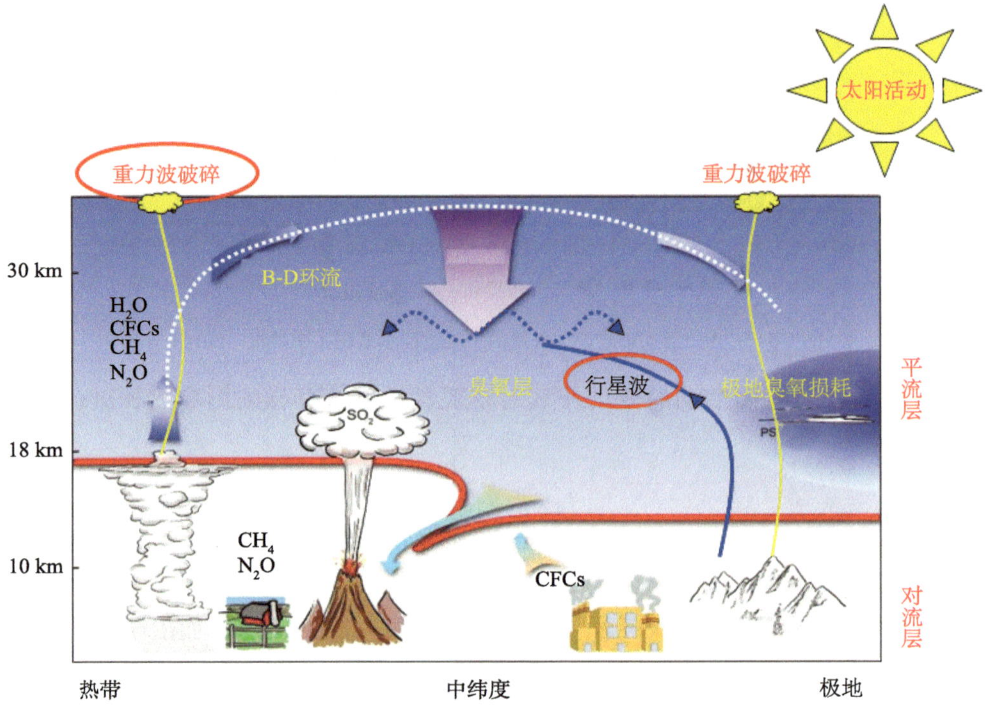

图 7-3-2 平流层 - 对流层耦合过程示意图（原图引自http://www.earthobservatory.nasa.gov/Features/Aura/Images/Stratospheric Chemical_ HiRes.jpg[2015-5-30]，并经卞建春修改）

四、平流层气溶胶和光化学过程及其气候效应

气溶胶不仅对对流层气候有重要影响，而且在平流层也很重要，因为气溶胶在平流层的辐射特性会改变平流层热力过程，并且它可为平流层中异相化学反应提供介质，没有气溶胶平流层一些化学反应将无法发生。当前，人为引起的气候强迫的一个重要方面是通过气溶胶化学活性成分的变化而实现。然而，气候变化也能引起大气化学组分的变化。因此，研究气候 - 化学相互作用是当今全球气候变化研究中一个最重要同时也是最困难的核心问题。并且，大气气溶胶化学活性成分更容易受到短期控制的影响，因此，可以通过改变排放来减

缓气候变暖。为了在气候系统和空间环境研究中及它们相应的数值模式中更好地耦合中层大气效应，亟须深入研究平流层气溶胶和光化学过程及其气候效应，并发展定量化表达和数值模式，以便研究人类活动、太阳活动、火山爆发等如何改变平流层大气化学成分的分布和变化趋势及东亚地区人类排放和区域气候对全球化学－气候耦合造成什么影响？这些关键科学问题涉及平流层和对流层动力－辐射－化学之间的耦合及它们之间的复杂相互作用。

五、平流层臭氧变化及其气候影响

20 世纪八九十年代平流层中的臭氧层存在持续性的耗损，全球平均臭氧柱含量降低了 4%，南北两极的臭氧耗损尤其严重，特别是在南极春季经常在平流层出现臭氧洞（图 1-7-2），臭氧层损耗引起了国际大气科学界的高度关注。由于国际社会的共同努力，人类最终将停止排放臭氧耗损物质，这使得 20 世纪 90 年代末以来臭氧层出现回升的迹象。但是，在温室气体持续增加的背景下，臭氧层如何恢复到 1980 年前的水平？并且，臭氧层恢复将导致平流层变暖，而温室气体增加将导致平流层变冷，在这两大相反因素的作用下，平流层气候如何变化？平流层气候变化对对流层气候有何影响？这些都是大气科学和全球气候变化研究中十分重要的科学问题。

随着导致臭氧耗损物质浓度的降低和温室气体增加在平流层导致的辐射冷却效应的加强，平流层臭氧含量有可能在 2050 年前后恢复到 1980 年前的水平，在 21 世纪末甚至有可能超过 1980 年前的水平。但是，臭氧层的长期变化趋势还存在很大的不确定性，这仍是需要深入研究的问题；并且，特别需要强调的是，21 世纪臭氧层恢复的气候背景将完全不同于 1980 年以前的气候背景，因此，不同气候背景下臭氧层的恢复问题也仍须进一步深入研究。当前全球温室气体排放持续增加，各相关圈层都在发生全球性变化，在这种全球气候变化状态下的臭氧层恢复对气候变化会产生重要的反馈作用，它既是气候变化的一个被影响者，又是全球气候变化的一个重要驱动源。

六、行星大气的环流特征及其模拟

在科学层面上，研究太阳系中行星大气具有非常重要的科学意义，行星大气演化的研究对理解地球大气演化具有重要意义，特别是对太阳系其他行星大气环流和温度的研究也同样对研究地球大气环流有重要意义。并且，通过与有关行星大气中 CO_2 含量及其温室效应的对照，我们就可以更好地理解地球大气的温室效应及全球气候变暖的机理。具体到行星大气研究，目前大致集中以下几个问题。

（1）行星气候演化和生命演化。目前一致认为在大约 30 亿年前（当时太阳辐射强度只是现在的 70%），金星、火星和地球表面都有液态水，但后来金星发生了温室逃逸，液态水完全蒸发了，而火星由温暖变得冰冷，其地表也没有液态水。为什么发生了这种剧烈的和不可逆的行星气候变化？为什么地球仍是一个充满活力的星球？这些是这一方向的关键问题。

（2）金星大气环流。金星大气主要成分是 CO_2，它占金星大气的 95% 左右，并且它非常厚重，表面气压大约有 90 个大气压。由于金星大气具有极强的温室效应，金星表面温度高达 530℃；并且，金星的自转速度很缓慢，绕太阳旋转一周大约是 240 天，但其赤道上空风速大约是 100m/s（超级旋转），其哈德莱环流非常宽广，基本是从赤道延伸到极地，只有单圈环流。这些大气环流现象是研究金星大气的重点。金星大气最下面的 10km 从没有被探测过。对于如此厚重的高浓度 CO_2 大气，现有的地球大气辐射传输模式是无法适用的，至今还没有公认的辐射传输模式可以用来模拟金星大气的垂直温度结构，同样，也没有被认可的金星大气环流模式。

（3）火星大气环流。火星大气非常稀薄，表面气压只有 6hPa，火星大气中 CO_2 含量占 96%。火星大气只有很弱的温室效应，因此，火星地表温度大约是 −33℃。火星上是否曾存在生命是火星大气的研究重点。在现在条件下，火星上是很难有生命存在的。然而，最近发现火星表层有甲烷释放到火星大气里，甲烷是否是有机物产生的，还是有其他无机过程产生的？为什么火星早期比现在温暖？火星在早期温暖时期是否曾经存在生命？这些都是目前的研究热点。并且，目前已有比较完善的大气环流模式，可以较好地模拟火星大气环流，甚至可以模拟火星表面的沙尘暴。相对于其他行星，火星大气的研究是最深入和全面的。

（4）气态星球。太阳系外围的四颗星球是气态星球，质量都非常大，如木星的质量大约是地球的 400 倍。这些星球压力巨大，不适宜生命存在，并且这些星球自转都较快，因此，这些星球大气环流多急流和涡旋，如木星和土星都有很强的超级旋转和涡旋。这些气态星球特有的大气环流特征一直是行星大气动力学的重要研究方向，对这些现象的研究也能够加深我们对地球流体力学的理解。

第四节　关键的科学问题

一、平流层和对流层耦合的动力过程

平流层和对流层耦合的动力过程，不仅对流层重力波和行星波上传及其与基本气流相互作用是当前此领域一个关键的科学问题，而且平流层纬向风和温度异常下传的动力过程及其在数值模式中再现仍是当前研究平流层变化及其气候效应研究的一个关键科学问题。

二、太阳活动影响地球气候变化的过程及其机理

太阳活动对短期气候变化及全球气候变暖都有重要影响，但其影响过程及其机理至今还不清楚，亟须从观测、理论和数值模拟展开深入研究。

三、平流层光化学过程和臭氧层变化机理

平流层光化学过程和臭氧层变化的机理是很复杂，不仅与复杂的化学过程有关，而且还与动力过程相互作用。因此，它是平流层过程和日地关系中一个关键的科学问题。

四、行星大气模式的研发

为了更好认识地球大气和气候变化特征及其机理，必须开展比较行星大气的研究，而当前亟须开展行星（如金星、火星）大气环流模式的研发，以便来研究金星和火星大气环流和气候变化。

第五节 对今后研究的主要建议和措施

一、亟须大幅度增加平流层与中间层观测资料的获取

受探测手段的限制，平流层和中间层大气各要素观测数据难以获得，目前世界各国都缺少平流层和中间层的观测资料，因此，发展平流层探测的新技术，加强有关观测平台的建设，利用如图 7-5-1 所示的卫星观测来获取平流层与中间层观测资料都是必须的，以便克服当前研究平流层和中间层大气的观测资料之不足；并且，观测站点迁移、观测仪器更新换代、仪器辐射更正及数据处理方法变更等都会影响观测资料的连续性和整体质量，因此平流层和中间层观测数据的订正也是当前开展平流层和中间层大气动力学研究所必须采取的措施。

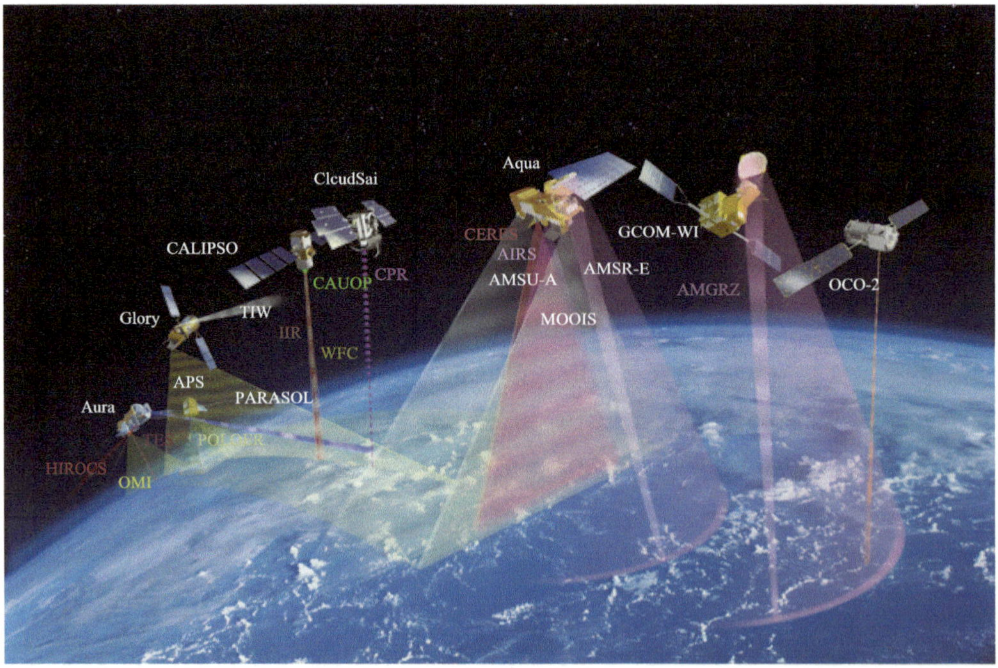

图 7-5-1 对地观测卫星（图引自 http//www.nasa.gov/mission-pages/a-train/a-train.html[2015-5-30]）

二、加强对太阳活动影响地球气候的研究

由于太阳活动对地球大气气候变化的影响机理尚不清楚，而当前在这方面的研究还较少，开展太阳活动影响地球大气气候的研究，特别是加强太阳活动对东亚气候和我国气候灾害发生的影响研究是非常必要的。

三、加强有关行星大气的探测技术的研究

当前，为了更好研究地球大气气候形成及变化的机理，特别是研究全球气候变暖的机理，必须开展比较行星大气的研究。而这首先必须掌握太阳系其他行星的大气动力、热力要素的观测资料，它们属于“深空”探测，探测技术难度很大，并要耗费巨资。因此，加强有关行星大气的探测技术的研究尤其必要。

四、改进平流层大气环流模式，提高数值模拟能力

目前，平流层大气环流模式远没有对流层模式的发展深入和全面，大多数大气环流模式在平流层和中间层大气没有足够的垂直和水平分辨率且缺乏必要的参数，这导致了平流层 QBO、平流层异常的下传和 O_3 在平流层的输运及变化等一些平流层变化的主要特征都难以较好地模拟和再现。因此，对大气环流数值模式中平流层的动力、物理、化学过程加以有针对性的改进，提高模式中平流层和中间层垂直和水平分辨率等，从而改进平流层和中间层大气环流模式，以便提高对平流层大气环流的数值模拟能力，都是当前在此领域研究必须加强之处。

由上可见，我国应该重视平流层物理和化学过程及其气候效应的研究，积极开展这方面的高技术探测方法和手段，获取更多的平流层和中间层大气要素资料，以便能够建立和发展我国平流层大气环流和环境变化的数值模式及提高对平流层环流变化的预测预报能力。

总之，鉴于平流层物理、化学过程及其气候效应及日地关系在大气科学研究的重要性，并且当前对此领域的基础理论、观测数据和预测预报方法研究的迫切需求，本章提出平流层过程与日地关系是当前我国大气科学和全球气候变化研究所面临的重大科学问题之一。并且，本章还从国际上对平流层物理、化学过程及其气候效应和日地关系的研究动向及我国对此重大科学问题研究的实

际需求提出了平流层过程与日地关系中亟须研究的六个科学问题，以及今后对此重大科学问题的研究建议和应采取的重要措施。

参考文献

陈文，黄荣辉. 1996a. 中层大气行星波在臭氧的季节和年际变化中输运作用的数值研究（Ⅰ）——定常流的情况. 大气科学，20：513-523.

陈文，黄荣辉. 1996b. 中层大气行星波在臭氧的季节和年际变化中输运作用的数值研究（Ⅱ）——波流相互作用的情况. 大气科学，20：703-712.

陈文，魏科. 2009. 大气准定常行星波异常传播及其在平流层影响东亚冬季气候中的作用.地球科学进展，24：272-285.

李崇银. 2014. 太阳活动变化及其对地球气候的影响值得关注. 气象科技进展，4：6-8.

周群，陈文. 2012. 太阳活动11年周期对ENSO事件海温异常演变和东亚降水的影响.大气科学，36：851-862.

Baldwin M P, Thompson D W, Shuckburgh E F, et al. 2003a. Atmospheric science. Weather from the stratosphere? Science, 301: 317-319.

Baldwin M P, Stephenson D B, Thompson D W J, et al. 2003b. Stratospheric memory and skill of Extended-Range Weather Forecasts. Science, 301: 636-640.

Gray L J, et al. 2010. Solar influences on climate. Rev. Geophys., 48: RG4001.

Lindzen R S, Holton J R. 1968. A theory of the quasi-biennial oscillation. J. Atmos. Sci., 25: 1099-1107.

Matsuno T. 1971. A dynamical model of the stratospheric sudden warming. J. Atmos. Sci., 28: 1479-1494.

Sato K, Dunkerton T. 1997. Estimates of momentum flux associated with equatorial Kelvin and gravity waves. J. Geophys. Res., 102 (D22): 26247-26261.

第八章

重大问题六：青藏高原地–气耦合过程及其气候效应

第一节　引　言

如图 8-1-1 所示，青藏高原覆盖面积约占中国领土的四分之一，它不仅海拔高（平均海拔超过 4000 m，接近对流层中层），而且地形陡峭，高原边界海拔高度变化迅速，特别是南部边界地形梯度异常大；另外，青藏高原在夏季是大气热源，且此热源所在位置的高度高，故它对周围大气环流和气候的形成与变化有重大作用。因此，它不仅对亚洲夏季风爆发起很大的动力和热力作用，而且对东亚（特别是我国）天气气候灾害的发生也有很重要影响。

高原下垫面极其复杂，存在森林、草甸、荒漠、冰川、湖泊、冻土等，植被在高原的西部和东部地区之间存在强烈对比。并且，它不仅是我国长江、黄河的发源地，也是许多国际河流（如雅鲁藏布江、澜沧江、怒江等）的发源地。此外，此区域的陆面过程十分复杂，特别是能量和水分循环。因此，青藏高原地－气耦合过程将严重影响着高原及周围的气候，并影响东亚、南亚和东南亚的水资源。

青藏高原地－气耦合过程包括高原地面与大气之间的动量交换、能量交换、水分交换，严重影响着青藏高原的热状况、气候、生态环境和水资源，而高原热状况的变化对亚洲和北半球环流和气候也有着重大影响。可见，开展青藏高原地－气耦合过程及其气候效应不仅对于研究全球气候变化和亚洲区域水循环具有重要的科学意义，而且对提高我国天气气候灾害的预报预测水平也有重要的应用价值。因此，青藏高原地－气耦合过程及其气候效应是我国大气科学和全球气候变化研究中所面临的一个重大科学问题。

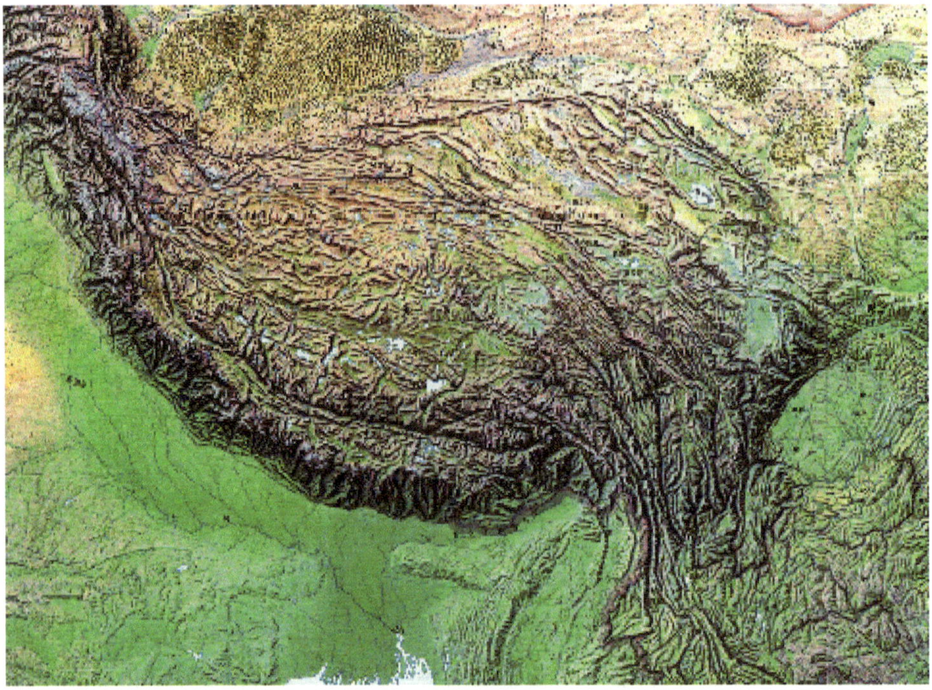

图 8-1-1　青藏高原地形图

第二节　国内外研究动态

一、重视青藏高原地–气耦合过程观测试验研究

青藏高原天气气候效应的研究一直是我国大气科学研究的优势领域。我国有关部门相继开展了多次青藏高原野外科学观测试验。1979 年 5~8 月，在中国科学院和中国气象局组成的青藏高原气象科学协作领导小组的领导下进行

了“第一次青藏高原大气科学试验”（QXPMEX-1979）[图 8-2-1(a)]。这次科学试验的目的是：揭示高原的地面辐射和热量平衡和季节变化特征及其加热作用，了解高原对大尺度环流的动力、热力作用，分析高原对夏季天气系统发生和发展的动力、热力作用并进行数值模拟。并且，在中国气象局和中国科学院共同主持下，于 1998 年实施了第二次“青藏高原大气科学试验”（TIPEX）[图 8-2-1(b)]。这次科学试验的目的是：揭示高原的地－气相互作用的物理过程和边界层结构及其特征，揭示高原对亚洲季风环流和气候变化及东亚灾害性天气发生、发展的动力、热力作用。经过这两次大型科学试验，不仅在青藏高原的辐射、地－气相互作用、边界层结构方面获得了感性认识，而且揭示了高原对亚洲季风的爆发和维持及东亚灾害性天气发生、发展的动力、热力作用。正因为开展高原大气科学试验对于认识高原地－气耦合及其气候效应有如此重要作用，从 2013 年起，在国家气象局的领导下将对青藏高原开展“第三次青藏高原大气科学试验”（TIPEX-Ⅲ）[图 8-2-1(c)]。

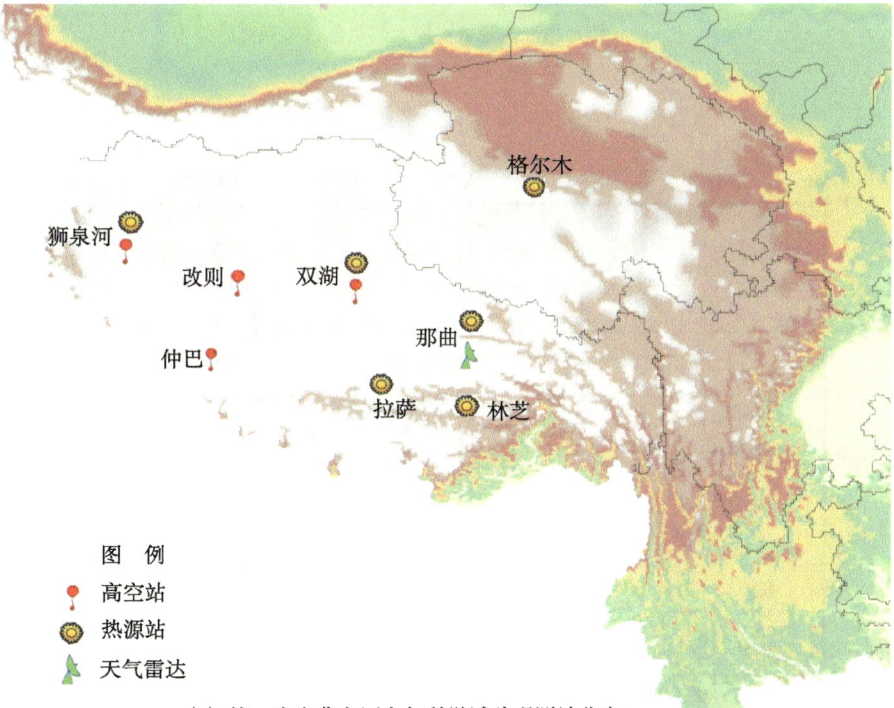

(a) 第一次青藏高原大气科学试验观测站分布

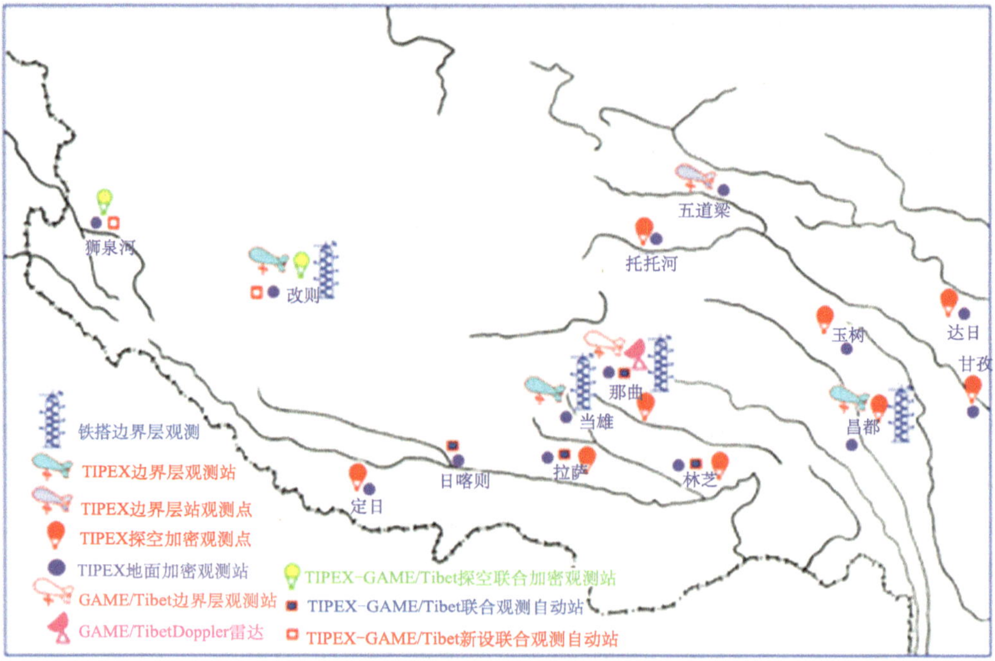

(b) 第二次青藏高原大气科学试验观测站分布

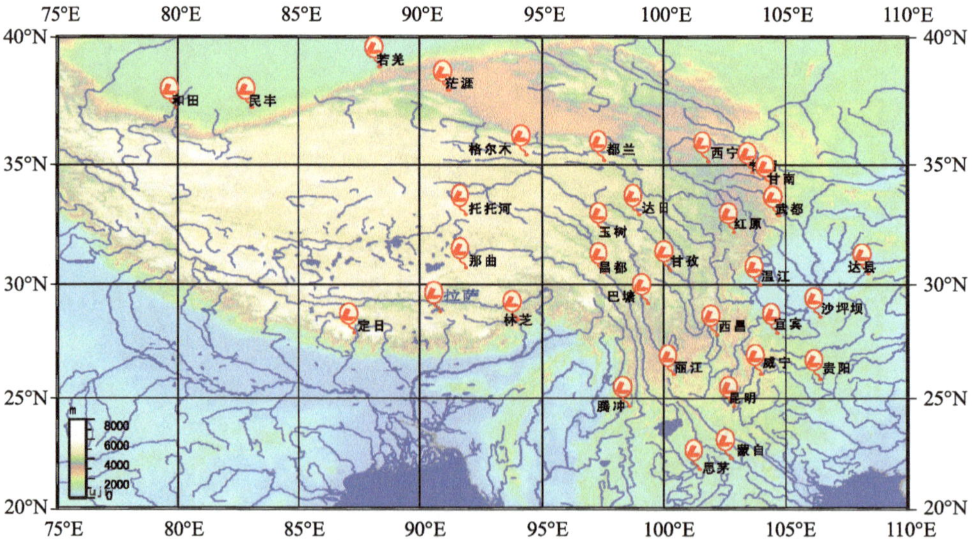

(c) 第三次青藏高原大气科学试验观测站分布

图 8-2-1 第一次、第二次和第三次青藏高原大气科学试验观测站分布 (周长艳等，2012)

二、关于青藏高原对季风和全球气候的影响及其机理已做出了一系列重要研究

早在20世纪60年代，叶笃正等就在国际上首先指出青藏高原对东亚大气环流形成的作用。70年代叶笃正和高由禧（1979）指出青藏高原对东亚和全球气候变化的热力作用，并建立了青藏高原气象学。叶笃正先生对青藏高原气象学的研究在国际上奠定了青藏高原地－气耦合过程及其气候效应研究的基础。并且，近年来关于高原气候影响的理论研究取得了许多新的进展，其中包括青藏高原加热状况及其气候影响的研究，地形机械强迫作用和热力强迫作用的相对重要性的研究及关于地形强迫作用和海陆热力差异在亚洲季风形成中的相对重要性的研究。此外，对高原地－气耦合过程和陆－气相互作用也取得了大量宝贵观测资料，这些观测试验资料对于了解高原地面与大气之间的动量、热量和水分交换起到了重要作用。

冬季，青藏高原上空受西风急流控制，高原的作用以动力为主。夏季，青藏高原上空处于东西风的交界处，基本气流弱，地形的动力影响较弱，高原对气候的影响以热力作用为主。最近Boos和Kuang（2010）提出了不同的观点，他们利用数值模式做去掉青藏高原主体而只保留其南部狭长的喜马拉雅山脉和伊朗高原南部的模拟试验，由此模拟得到南亚夏季风基本不变的结论，从而认为青藏高原对南亚季风形成的热力作用并不重要，重要的是喜马拉雅山脉对高纬度冷空气的阻挡作用。这个观点接着还被用来解释亚洲古季风的形成。但是，应看到他们所做的试验结果其实是保留了青藏高原南坡的侧边界加热的影响，因此其结论是存在问题的。Wu等（2012a）类似的试验表明：如图8-2-2所示，一旦感热加热从喜马拉雅山脉和伊朗高原表面剥离，印度夏季风的北支就会消失；并且，他们还指出，整个亚洲夏季风是受海陆分布和大尺度高原热力作用所调控的，南亚夏季风的南支主要受海陆分布影响，而北支受亚洲大地形的热力作用影响。因此，亚洲夏季风系统是受到海陆分布和亚洲大地形热力作用的共同影响。

三、当前关于青藏高原天气气候效应研究的不足之处

尽管近年来国内外对青藏高原影响的气候效应研究取得了许多令人鼓舞的成果，但还远不能满足我国经济、社会发展和科技的需求。这些不足具体表现

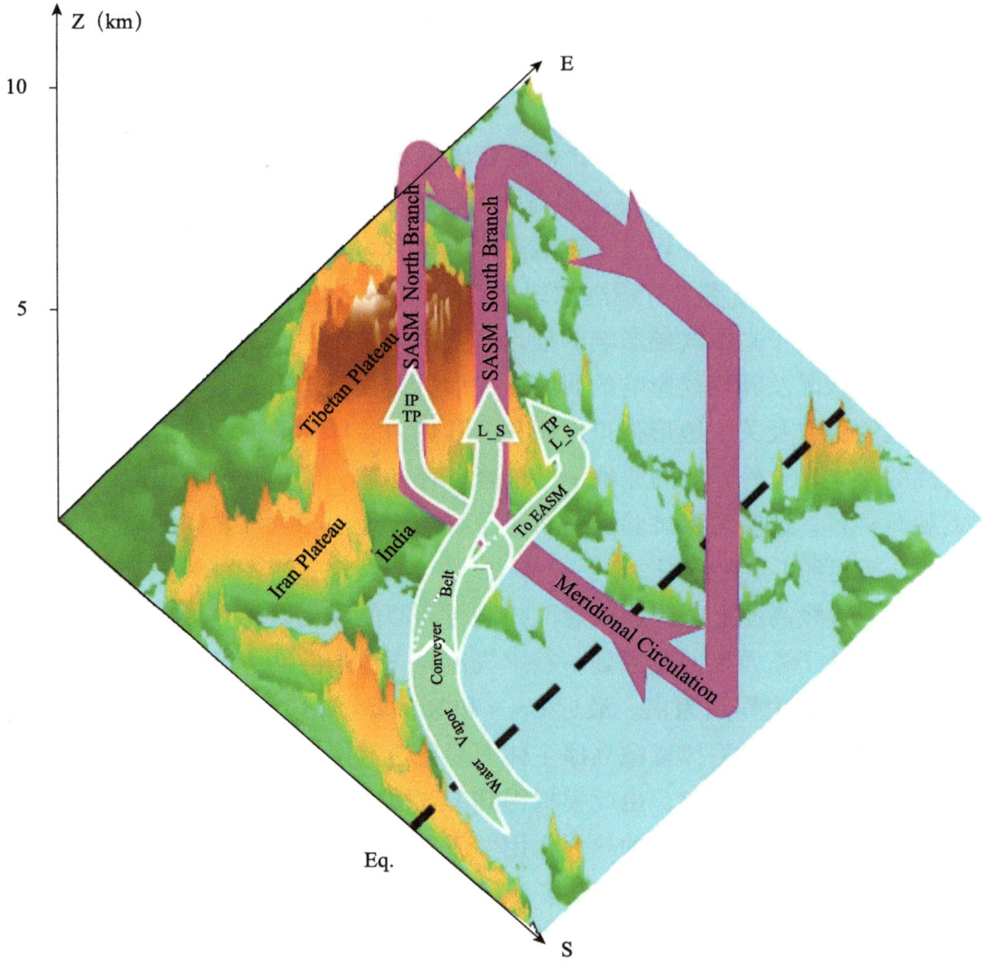

图 8-2-2　亚洲夏季风形成示意图（Wu et al.，2012a）

在：①由于条件艰苦，高原地区常规气象观测台站稀少，许多区域还没有常规观测资料；②青藏高原地区大气圈、冰雪圈、岩石圈之间的圈层相互作用的研究还有待进一步深入；③有关高原大气物理过程，特别是地－气耦合过程的观测资料还十分缺乏；④由于高原地形复杂，难以构建较准确的数值模式，故对高原大气环流或中、小尺度系统的模拟误差很大；⑤定量化青藏高原的机械强迫作用和热力强迫作用的认识不足；⑥对青藏高原的气候影响尚较难进行准确定量研究。

第三节　亟须开展研究的科学问题

青藏高原地－气耦合系统及其气候效应涉及科学问题较多，特别是有必要进一步深入认识高原大地形作用和海陆热力差异在亚洲季风不同子系统形成中的相对重要性，进一步了解高原能量、水分循环及其变化，以便定量理解高原对全球和区域气候的影响。为达到这些科学目标，首先必须清楚地认识青藏高原复杂下垫面的热状况和各种物理过程，其次应深入研究它对东亚和全球气候的影响机理，进一步改进气候系统模式，以便提高气候模拟和预测的水平。

一、高原多尺度地形作用下的大气动力过程

青藏高原地形和非均匀下垫面所引起的热力结构能够产生各种波动并通过波－流相互作用影响东亚和全球的气候异常。然而，由于高原上观测台站稀少，对高原多尺度地形和下垫面所产生的非均匀热力强迫无法进行客观的描述，特别是高原大地形动力、热力过程详细信息不清楚，构成了当前大气环流和气候数值模式中高原区域有关地形和陆面过程参数化的“瓶颈”难题，这是亟须研究的重要科学问题。例如，青藏高原复杂大地形影响的大气环流结构、高原大气非均匀热力过程及其与地形动力过程的相互作用、高原复杂多尺度地形的气候效应及数值模拟等问题都是应该深入研究的重要科学问题。

二、高原复杂下垫面的陆-气相互作用及其过程

青藏高原复杂的地形及冰川、冻土、雪盖、起伏山谷及其多样性的植被、湖泊、河流等构成了陆面热力结构强非均匀性特征。然而，目前有关高原区域不同下垫面的辐射特征、陆面过程特征观测的代表性站点十分少，因此还不能深入认识高原的强非均匀热力结构；并且，青藏高原及其周边地区生态－气－水文－冰川的相互作用过程极为复杂，导致了高原地－气相互作用的描述客观性存在问题，从而难以清楚认识青藏高原区域多圈层相互作用过程及机理。因此，高原地表反照率的时空变化及其辐射效应、高原地表的水、热循环过程及

其与大气相互作用过程、高原不同下垫面上空大气边界层结构和地－气耦合过程及其参数化等都是亟须研究的重要科学问题。

三、高原上空云-对流过程及其对气候的影响机理

青藏高原地区不仅在高原东侧是低涡、切变线产生的源地，而且在高原许多地区存在强烈发展的对流活动(图 8-3-1)。青藏高原上各类云状出现比例中强对流云出现比例达 4.0%～21.0%；同时，青藏高原还是大气中 500～300 hPa 水汽“湿池”(Xu et al. 2008，2012)。为深入认识高原对流活动的成因及其相关大气水分循环过程，需要开展青藏高原及周边地区以至东亚区域的云微物理过程的观测试验及其参数化方案研究，以提高数值模式对东亚乃至全球气候的模拟和预测能力。因此，高原云降水物理与动力结构特征、高原大气水循环过程、高原云－对流－辐射过程及其对气候的影响机理和数值模式中的参数化等都是亟须研究的重要问题。

图 8-3-1　青藏高原上空对流活动(图由王永杰提供)

四、高原地区陆-气相互作用对干旱的放大作用及其机理

亚洲大陆东侧是强季风区，在亚洲大陆腹地，尤其是高原的西侧和北侧拥有广大的沙漠和干旱/半干旱区，青藏高原陆－气相互作用对这种季风 -沙漠/

干旱共生的现象有着重要影响。以往关于青藏高原影响亚洲季风和沙漠气候的研究偏重于高原的动力作用，对高原热力作用的研究也仅局限于高原的总体作用和气候平均态，而关于高原地区陆－气相互作用对干旱的放大作用并没有进行深入研究。然而，青藏高原及其周边地区存在许多沙漠和干旱区域，如塔克拉玛干沙漠、巴丹吉林沙漠和腾格里沙漠等，它们的形成与青藏高原的陆－气相互作用的关联有待进一步进行深入研究。并且，高原及周边地区陆－气相互作用和陆面过程在季节内、年际和年代际等不同时间尺度上的变化如何影响亚洲季风和干旱区气候异常，特别是对干旱的放大作用及其机理也是亟待研究的重要科学问题。

五、高原对灾害性天气的影响机理及预报模型和方法

高原对我国夏季灾害性天气的发生有重要影响。青藏高原对天气系统的影响早已为气象学家所关注。然而，高原地形复杂，测站稀少，观测资料严重不足，致使我们对高原影响天气系统和大气环流的过程认识尚比较肤浅，有些结果尚属定性，缺乏定量的观测分析事实来做检验。由于青藏高原东侧是高原南北两侧分支气流的合流区；并且高原地形特别陡峭，大气与地形的相互作用使得高原东侧邻近地区的大气运动特征既不同于高原上空，也不同于一般平原地区，地形所引起的热力和动力作用使这一区域的中、小尺度天气系统，如高原低涡、西南低涡和地形辐合线等频繁发生。当这些天气系统移到平原地区时，就能发展成为对流层低层的强对流和暴雨系统，给中国东部，特别是川东和长江中、下游地区带来激烈天气过程，并引起严重灾害。因此，高原不同下垫面上空大气边界层结构及其时空变化、青藏高原大气热源时空变化特征及其对气候的影响、青藏高原及周边地区天气系统三维结构特征和多尺度相互作用、高原对下游灾害天气影响机理与预报模型和方法研究等都是亟须研究的重要问题。

六、高原对亚洲季风爆发的影响及其机理

春季由于青藏高原和南亚海陆分布的联合强迫作用使孟加拉湾中东部形成短暂但强盛的暖池（Wu et al.，2012b），如图 8-3-2 和 8-3-3 所示，在高层南亚高压的抽吸作用下，常伴有季风爆发涡旋发展，使冬季连续带状的副高脊线在孟加拉湾东部断裂，亚洲热带季风首先在此爆发。高原“感热气泵”对亚洲季风爆发

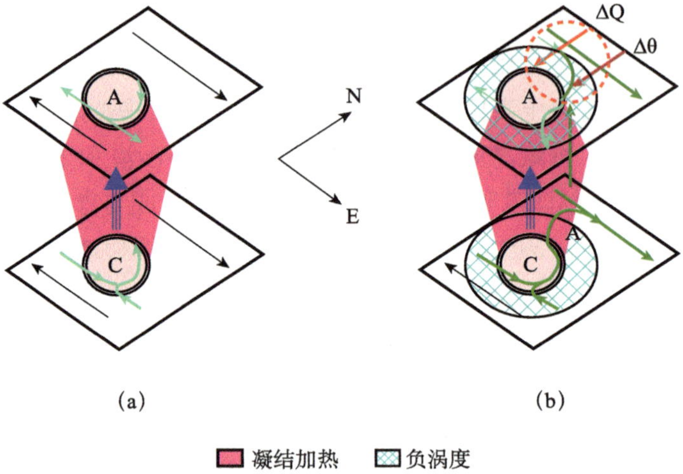

图 8-3-2　热力适应理论示意图（Wu et al.，2012b）

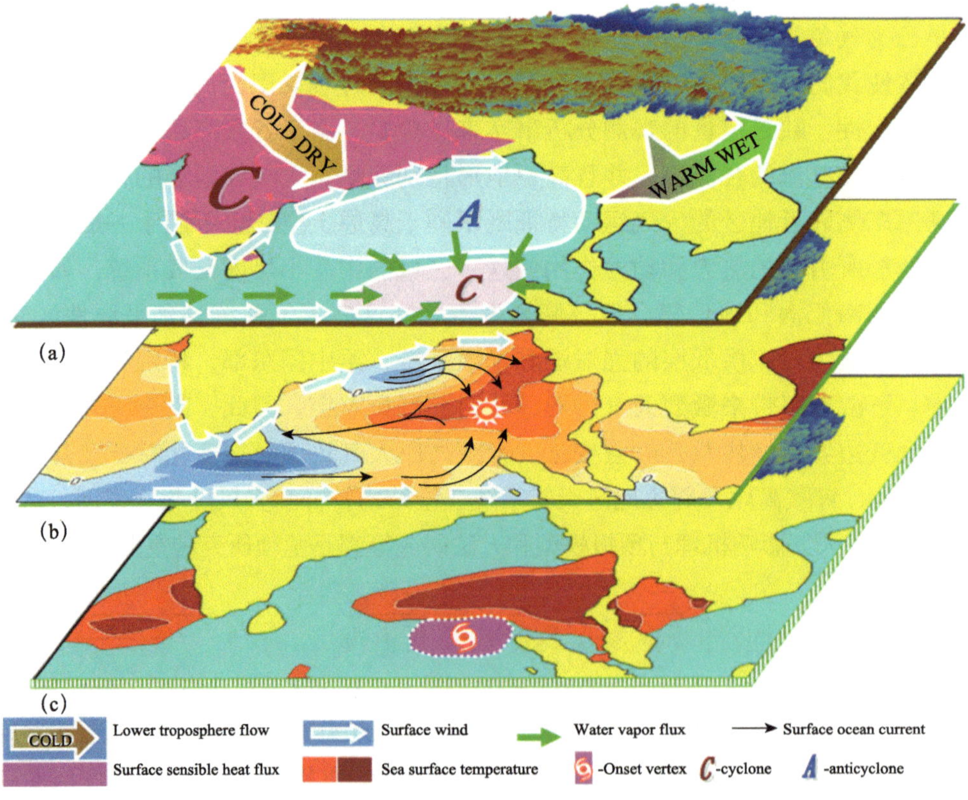

图 8-3-3　青藏高原和海陆气相互作用影响孟加拉湾季风爆发示意图（Wu et al.，2012b）

进程和我国江南春雨均有显著的影响（Wu et al.，2007，2012b）。高原热源的强（弱）会导致海－热力梯度加强（减弱）以及东亚季风爆发偏早（迟）和季风环流强（弱），这可能是东亚季风雨带整体演变的关键影响因子之一。因此，高原热源与南亚海－气相互作用如何影响亚洲季风爆发及对亚洲季风系统的季节内、年际和年代际变化的动力和热力作用及其机理是亟待进一步深入研究的重要科学问题。

七、高原强迫遥影响的过程和机理

高原上空在夏季是北半球最强热源，由热源所强迫的准定常行星波会沿行星波传播路径往北半球一些区域传播，从而引起了其他地区大气环流和气候的异常。因此，不仅要揭示高原地形和热源激发的准定常行星波及其他所引起的遥相关和气候变异的物理机制，而且还要定量了解青藏高原能量、水分循环与亚洲季风在不同时间尺度变化的关联和对中国气候和全球环流的影响程度及其机理。并且，高原地势高，人烟稀少，青藏高原中西部的气象观测台站分布寥寥无几，高原大气物理过程的观测资料十分缺乏，各套有关高原观测资料空间分布千差万别、可信度低，这些严重地影响对青藏高原强迫遥影响的理解。因此，当前，我国大气科学研究需要增进对青藏高原不同地区地表能量平衡的定量认识，明确其气候特征、季节变化和年际异常。为此，有关青藏高原地－气耦合过程的研究亟须进行融合台站资料、场地观测和卫星观测的资料，并基于先进的同化系统产生包括青藏高原地区的高分辨再分析资料，此外还要通过分析观测资料揭示高原不同下垫面上空大气边界层结构及时空变化。

第四节　关键的科学问题

一、高原地–气耦合过程

高原地－气耦合过程对于了解高原热力和水分变化十分重要，但由于高原地势高、下垫面复杂，它有独特的地－气耦合过程。然而，由于缺乏有关高原地－气耦合过程的观测资料，当前我国气象学者对高原地－气耦合过程了解还不多。因此，当前我国大气科学研究亟须从观测方面对高原地－气耦合过程加以深入分析。

二、高原热力强迫持续影响的过程及其机理

夏季青藏高原是北半球最强的热源，由于位于对流层中层，它不仅对亚洲季风爆发和变化有重要影响，而且它强迫所产生的准定常行星波可以沿东亚等地区传播，从而对东亚和北半球天气气候变异产生持续遥影响。然而，当前对此持续影响的过程及其机理仍不太清楚，这也是研究青藏高原气候效应中一个关键的科学问题。

三、高原能量水分循环过程及其影响

青藏高原不仅地形复杂，而且有各种各样地貌，下垫面异常复杂，各区域能量和水分循环差别很大。近年来，有关研究对此虽有一些观测试验，然而对其整体了解甚少。因此，当前我国大气科学研究亟须通过对高原不同下垫面的能量和水分循环进行观测试验，以便对高原不同下垫面的能量和水分循环过程能够进一步了解，从而可以定量研究高原地区能量和水分循环的变化，以及其对亚洲和北半球气候变异的影响。

四、改进高原气候效应的数值模拟

高原海拔高、地形复杂，在数值模式中难以完全准确反映；并且，高原有各种下垫面的陆面过程，并有复杂的地形影响着不同尺度的大气环流。这些造成了模式对高原及其周围上空天气气候变化的数值模拟有很大误差。因此，当前高原地区天气气候数值模式的构建及其模拟是此领域中一个关键的重要科学问题。

第五节　对今后研究的主要建议和措施

一、加强高原的观测试验的顶层设计

为得到高原地区陆面过程的一些参数，我国有关研究机构先后进行了多次高原陆－气相互作用的观测试验。然而，我们应看到这些观测试验的顶层设计不够充分，试验的科学目标不太明确，这影响了每次观测试验应达到的科学目

标。因此，今后每次进行观测试验之前，有关研究人员应进行充分的研讨，做好顶层设计，以便每次试验都具有明确的科学目标，从而可以得到宝贵的观测资料。

二、加强高原的遥感观测及反演研究

高原各种条件都很艰苦，气象观测站十分稀少，有关观测试验站也不多，因此，广大高原地区气象要素和有关陆面过程参数十分有限，这不仅影响高原地区的天气预报和短期气候预测，而且严重影响高原地区大气环流和气候变化的研究和数值模拟。为此，今后我国大气科学研究应加强高原地区的遥感观测反演研究，以便把点上进行的观测试验所得结果推广到区域，从而可以改进高原地区的大气环流和气候变化的研究和数值模拟。

三、开展青藏高原资料的再分析研究

由于高原气象观测站稀少，如何把观测试验及遥感等资料整合并与常规资料一起进行高原地区陆面过程和有关气象观测资料的再分析，以便供给青藏高原及周边灾害性天气、大气环流和气候分析、模拟和预测之用，是一项有关高原气候效应研究的基础性工作。

四、加大投入，扩大队伍

由于高原对我国和东亚天气气候影响的严重性，其影响过程的复杂性，以及高原的数值模式及高原地区天气气候数值模拟的不确定性，高原地－气耦合过程及其气候效应研究需要一支规模较大的观测和研究队伍，其投入研究经费也应相对较多。但目前有关高原天气气候的研究队伍相对于其他领域还偏小，观测和研究人员均偏少，其研究经费投入也偏低。因此，今后我国有关部门应对高原地－气耦合过程及天气气候的研究加大投入，扩大观测研究队伍。为此建议，有关部门应尽快建立青藏高原研究专项和高原气象国家重点实验室，以便增加研究经费的投入和研究人员的扩大。

总之，鉴于青藏高原地－气耦合过程及其气候效应研究不仅对研究亚洲夏季风爆发和变化及全球气候变化具有重要的科学意义，而且对提高我国天气气候灾害的预报预测水平也有重要的应用价值，本章提出青藏高原地－气耦合过程及其气候效应是当前我国大气科学和全球气候变化研究所面临的重大科学问题之一。并且，本章还从国内外当前对青藏高原地－气耦合过程及其气候效应的研究动向和趋势及我国对此重大科学问题的研究现状和需求提出了当前亟须研究的七个科学问题，以及今后对此重大科学问题的研究建议和应采取的重要措施。

参考文献

叶笃正，高由禧. 1979. 青藏高原气象学. 北京：气象出版社.

周长艳，张虹娇，赵兴炳，等. 2012. 近三十多年青藏高原大气科学试验观测布局综述. 高原山地气象研究，32：81-87.

Boos W R, Kuang Z M. 2010. Dominant control of the South Asian monsoon by orographic insulation versus plateau heating. Nature, 463: 218-223.

Wu G X, et al. 2007. The influence of the mechanical and thermal forcing of the Tibetan Plateau on the Asian climate. J. Hydrometeorology, 8: 770-789.

Wu G X, Liu Y M, He B, et al. 2012a. Thermal controls on the Asian summer monsoon. Nature Sci. Rep., 2: 404.

Wu G X, Guan Y, Liu Y M, et al. 2012b. Air–sea interaction and formation of the Asian summer monsoon onset vortex over the Bay of Bengal. Climate Dynamics, 38:261-279.

Xu X D, Lu C G, Shi X H, et al. 2008. World water tower: An atmospheric perspective. Geophys. Res. Letters, 35: 1-5.

Xu X D, Shi X H, Lu C G. 2012. Theory and application for warning and prediction of disastrous weather downstream from the Tibetan Plateau//Veress B, Szigethy J. Horizons in Earth Science Research. New York: Nova Science Publishers.

第九章

重大问题七：西太平洋暖池海-气相互作用及其天气气候效应

第一节　引　言

热带西太平洋海域是全球海面温度最高的区域，在次表层以上存在着全球最暖的暖水团，称为“西太平洋暖池”（warm pool，简称暖池）。并且，此海域有复杂的大洋环流，包括：①棉兰老海流（MC）、源地黑潮（Kuroshio）、新几内亚沿岸流（NGCC）等表层流；②棉兰老潜流（MUC）、吕宋潜流（LUC）、新几内亚沿岸潜流（NGCUC）等次表层流；③北赤道流（NEC）、南赤道流（SEC）、北赤道逆流（NECC）等赤道太平洋流系 (Fine et al.，1994)。它是连接南北太平洋海流的纽带，也是太平洋最关键的海区。

赤道太平洋附近表层海水的流动在很大程度上受风应力的驱动。由于在热带太平洋上空大气低层盛吹偏东信风，因而在赤道太平洋附近表层洋流向西流动，并在太阳辐射等过程作用下，在表层形成暖的海水；并且，由于在热带西太平洋有许多岛屿（即海洋大陆）阻挡，使向西流动洋流的大量暖海水在太平洋西边界表层堆积，并由于这些岛屿周围有陡峭的海岸，没有明显的陆架，故陆架涌升流不强，这使得此海域的海温不易受上升流的冷海水而下降。这些都是西太平洋暖池形成的重要原因。如图 9-1-1 所示，暖池常年的海面温度大于

28℃，此海域温跃层的厚度可达150～200m，表层海水热含量也很大。一般来说，常常把热带西太平洋海面温度大于28.0℃的海域范围定义为西太暖池区域（Wyrtki，1975）。由于此海域海温很高，故在此海域的海－气相互作用相当剧烈，在其上空有很强的上升气流，并是Walker环流的上升支，造成了大量水汽在这里辐合上升，从而产生很强的对流活动和强降水，形成了全球最强大的热源。这个强大热源不仅对热带大气环流和海－气相互作用产生重大的影响，而且对副热带和中、高纬度地区的大气环流的变化也起着重要的作用，特别是对东亚夏季风变异及中国夏季旱涝等重大气候灾害的发生有严重影响（Huang et al.，2012）。

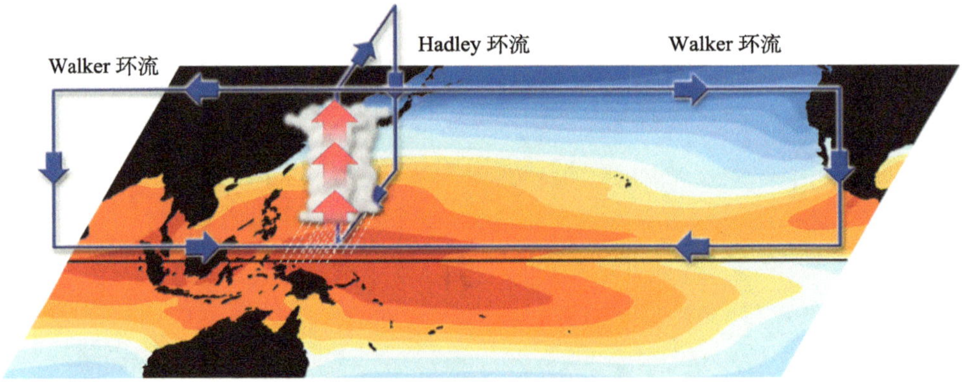

图 9-1-1 西太平洋暖池上空强对流及其对周围大气环流的影响示意图 (Hu et al.，2011)

第二节 国内外研究动态

一、热带海洋与全球大气-海/气耦合响应试验(TOGA-COARE)对研究西太平洋暖池起到重大作用

由于西太平洋暖池对东亚和全球天气和气候变异的重大影响，所以西太平洋暖池及其对大气环流和气候变化影响一直是国际上海洋和大气学科重要的研究热点之一。为理解西太平洋暖池在热带海－气耦合系统的气候态及其变异中的作用，20世纪90年代初，国际上专门实施了针对西太平洋暖池而开展的TOGA-COARE（the tropical ocean and global atmosphere-coupled ocean atmosphere response experiment）观测试验（Webster and Lukas，1992）。此试验的主要目的是：了解和认识西太平洋暖池海－气耦合系统的主要过程，分析暖池区域对流组织化的主要过程，研究西太平洋暖池区域海洋对浮力和风应力共同强迫的响应，揭示西太平洋暖池海－气耦合系统中的海洋和大气与其他区域的多尺度相互作用。

经过此试验计划的实施，不仅在西太平洋暖池对于ENSO循环形成的动力、热力作用的认识取得重大进展（McCreary and Kundu. 1987；Schopf and Schuetz，1988），而且认识到西太平洋暖池对于亚澳季风系统变化中的热力过程起到重要作用（Webster et al.，1998）。并且，经过TOGA-COARE试验以后，国际上建立了如图9-2-1所示的沿热带太平洋5ºS～5ºN各层海洋的温盐要素及海面风力等ATLAS浮标监测系统，以及ENSO预测的数值预测系统。

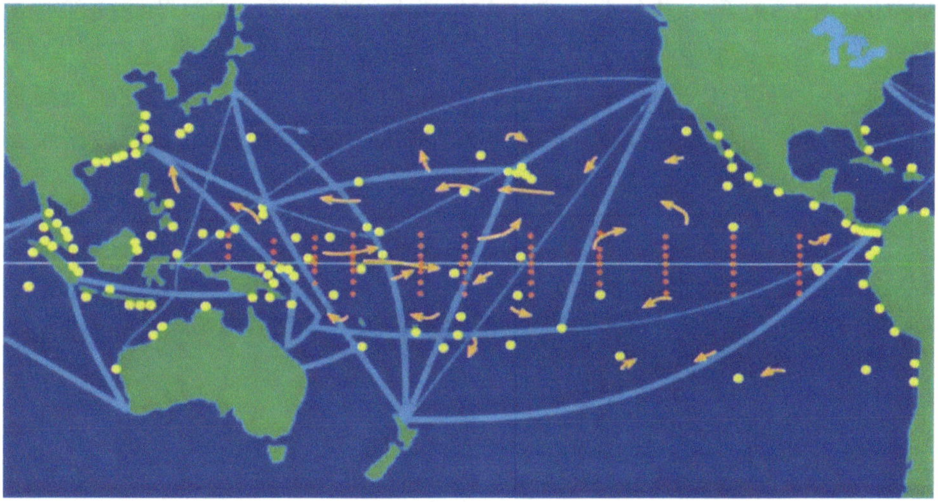

图9-2-1　热带太平洋ATLAS浮标监测系统示意图（图引自http://www.pmel.noaa.gov/tao/proj-over/proj-over.html[2015-5-30]）

二、提出了西太平洋暖池是ENSO循环发生的源地

西太平洋暖池上空强烈的对流活动使该海区成为热带纬圈环流上升分支的区域，在其东侧形成横跨热带太平洋的Walker环流，暖池热状态的改变将会引起Walker环流的异常，并由此可导致信风的异常，进而影响热带大气环流和引起热带太平洋海－气相互作用的变异。因此，ENSO循环不仅与西太平洋暖池

的热状况有密切联系 (McCreary，1987；Schopf and Schuetz，1988)，而且与西太平洋暖池上空环流和纬向风异常有密切关系（Huang et al.，2001)。并且，暖池西侧的纬圈环流是热带西太平洋和热带印度洋大气关联的桥梁，因此，ENSO 循环还与热带印度洋的海 - 气相互作用也有密切关系，特别是与印度季风所引起的西太平洋上空的西风爆发具有内在的联系。

三、提出了西太平洋暖池对东亚夏季风和北半球夏季气候影响过程及其机理

西太平洋暖池不仅是热带太平洋 ENSO 循环的源地，而且严重影响着东亚夏季风和夏季气候异常。研究表明，在热带存在着一个与西太平洋暖池热状况相联系的强纬圈环流，并在西太平洋和东亚上空存在着一个与此纬圈环流相联系的经圈环流，它把暖池上空大量的热量和动量输送到副热带和中纬度地区，改变和加强了那里的大气环流（Wester et al.，1998）。西太平洋暖池也是与东亚夏季风爆发有密切相关的海域，如图 9-2-2 所示，此海域的热状况不仅影响南海

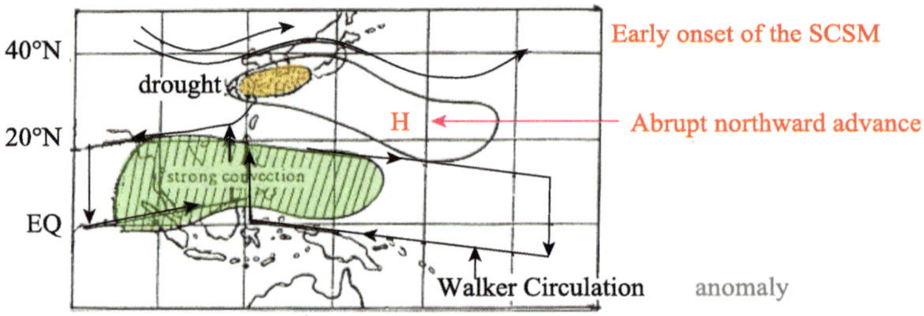

(a) 暖池偏暖

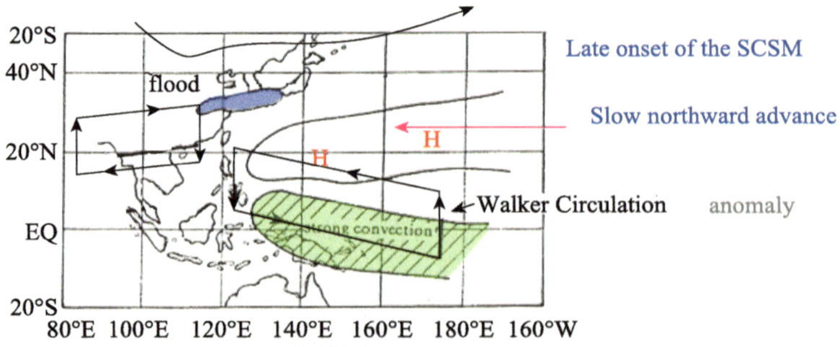

(b) 暖池偏冷

图 9-2-2　西太平洋暖池的热状况、菲律宾附近的对流活动、西太平洋副热带高压、南海季风爆发早晚、东亚夏季风降水的关系示意图 (Huang and Sun，1992)

季风的爆发，而且影响东亚夏季风的季节内和年际变化（Nitta，1987；黄荣辉和李维京，1988；Huang and Sun，1992）。研究表明西太平洋暖池影响东亚夏季风是通过 P-J 振荡（Nitta，1987）或东亚 / 太平洋（EAP）遥相关波列（黄荣辉和李维京，1988；Huang and Sun，1992)。并且，研究还表明亚澳季风的爆发又会改变西太平洋暖池海域的热力状态和表层洋流的强度和方向（Webster et al.，1998；张人禾和李强，2004）。因此，西太平洋暖池是与亚澳季风、热带太平洋 ENSO 循环和热带印度洋相互作用的一个关键区域，有关西太平洋暖池变异的深入研究对于进一步揭示亚澳季风系统、ENSO 循环、热带印度洋等与西太平洋暖池的相互作用过程及机理具有重要的科学意义。

四、中国对西太平洋暖池研究的贡献

早在 20 世纪 80 年代，中国对 TOGA 的观测和研究起到积极的促进作用。并且，为了使西太平洋暖池海 – 气相互作用研究能够进一步发展，2010 年，在中国科学家的倡议和组织下，国际上又一次发起了针对西太平洋暖池研究的国际计划，即“西北太平洋海洋环流与气候试验”(NPOCE)（Wang and Hu，2010）。此研究计划的主要科学目标是：揭示西太平洋暖池西边界流结构，进一步了解西太平洋暖池与周围环流系统的相互作用过程，认识西太平洋暖池维持和变异过程与机理及揭示暖池区域海 – 气相互作用及其气候影响。

由于西太平洋暖池对东亚夏季风和我国夏季气候变异有重大影响，我国有关部门特别重视西太平洋暖池海 – 气相互作用及其对东亚季风和我国夏季气候异常影响的研究。在科学技术部“973”计划和“气候变化研究专项”的规划和资助下，已陆续实施了一系列有关西太平洋暖池的流系变异及其对东亚和热带西太平洋气候影响的项目，如“亚印太交汇区海 – 气相互作用及其对我国短期气候影响”“基于 Argo 的上层海洋结构、变异及预测研究”“热带太平洋环流与暖池的结构特征、变异机理和气候效应”“上层海洋对台风的响应和调节机理研究”“太平洋印度洋对全球变暖的响应及其对气候变化的调控作用”“全球变暖背景下的海洋响应及其对东亚气候和近海储碳的影响”等。并且，国家自然科学基金委员会也实施了重大基金项目“太平洋低纬度西边界上层环流结构、变异规律与动力学机制”。这些项目中有不少项目在西太平洋暖池及周边海域开展了或正在开展海 – 气相互作用的外场试验（图 2-8-2），并获得许多有关此海域海流及海 – 气相互作用的观测资料。通过这些项目的实施不仅对西太平洋暖池的流系及结构有了进一步的了解，而且对此海域海－气相互作用及其气候效应也进行了深入而系统的研究。

最近中国科学院为了进一步发展关于西太平洋暖池环流、环境和生态的研究，实施了海洋研究专项。在此专项中特设立了“热带太平洋主流系与西太平洋暖池变异机制”项目。此项目旨在研究热带西太平洋主流系物质能量交换过程，揭示热带西太平洋与周边海域物质能量交换过程及其影响，提出西太平洋暖池关键区时空结构、变异特征及暖池的气候效应，建立区域海－气耦合模式。

可以相信，通过这一系列的观测试验和研究项目的实施，中国关于西太平洋暖池流系、热力变化及其对东亚季风和气候影响的研究能够取得更重要的成果。

第三节　亟须开展研究的科学问题

西太平洋暖池不仅是ENSO循环的源地，而且对亚澳季风系统和西北太平洋台风活动有重要影响，因此，西太平洋暖池上空海－气相互作用及其对ENSO循环和亚澳季风系统的影响一直是国际关注的前沿科学问题。当前亟须研究的科学问题如下。

一、西太平洋暖池上空海-气相互作用过程及其对ENSO循环和亚澳季风系统的影响

许多耦合模式的模拟结果表明，与ENSO循环相联系的热带太平洋异常表面海温及次表层的海温、斜温层的深度及海表面的风场变化都起源于热带西太平洋，然后以很慢的速度向东传播（Anderson and McCreary，1985；Yamagata and Masumoto，1989）。并且，理论分析（Schopf and Schultz，1988；张人禾和黄荣辉，1998；Huang et al.，2001）和数值试验的结果也表明，热带西太平洋纬向风应力的变化及其东移与赤道东太平洋海面温度的变化存在着内在的动力学联系，热带西太平洋西风应力异常可以在海洋中产生三类波动过程，特别是Kelvin波和Rossby波过程，它们可以造成赤道东太平洋海面温度和海面高度的变化。如图9-3-1所示，在暖池处于暖状态时，东传西风应力异常激发向东传播的暖Kelvin

波，当它传到热带太平洋的东边界产生暖 Rossby 波，以及西风应力异常移到赤道东太平洋时它本身强迫产生的海洋混合层厚度变厚，它们的综合作用可以造成厄尔尼诺事件的发生和发展；并且，当暖 Kelvin 波移到热带中太平洋时，由于海面温度升高，故此海域将发生不稳定的海 - 气相互作用，并产生向西传的冷 Rossby 波，使得西太平洋暖池变冷。同样，东风应力异常可以在海洋中产生三类波动过程，东传东风应力异常激发的向东传播的上翻 Kelvin 波（即冷 Kelvin 波），当它传到热带太平洋的东边界时会产生冷 Rossby 波，以及东风应力异常移到赤道东太平洋时它本身强迫产生的海洋混合层厚度减小，这些过程的综合作用可以导致厄尔尼诺事件的衰减和消亡，并常常引起拉尼娜事件的发生和发展。

如图 9-3-1 所示，西太平洋暖池热状况的变化能导致热带西太平洋上空大气对流层低层环流和纬向风场的异常，这将引起热带太平洋 ENSO 事件的发生、发展和衰减。研究表明，若西太平洋暖池上空出现气旋性环流异常，在印度尼西亚和赤道西太平洋上空产生西风异常，这将导致厄尔尼诺事件的发展；相反，若西太平洋暖池上空出现反气旋性环流异常，在印度尼西亚和赤道西太平洋上空将产生东风异常，这将导致厄尔尼诺事件的衰减。这主要是由于风场通过激

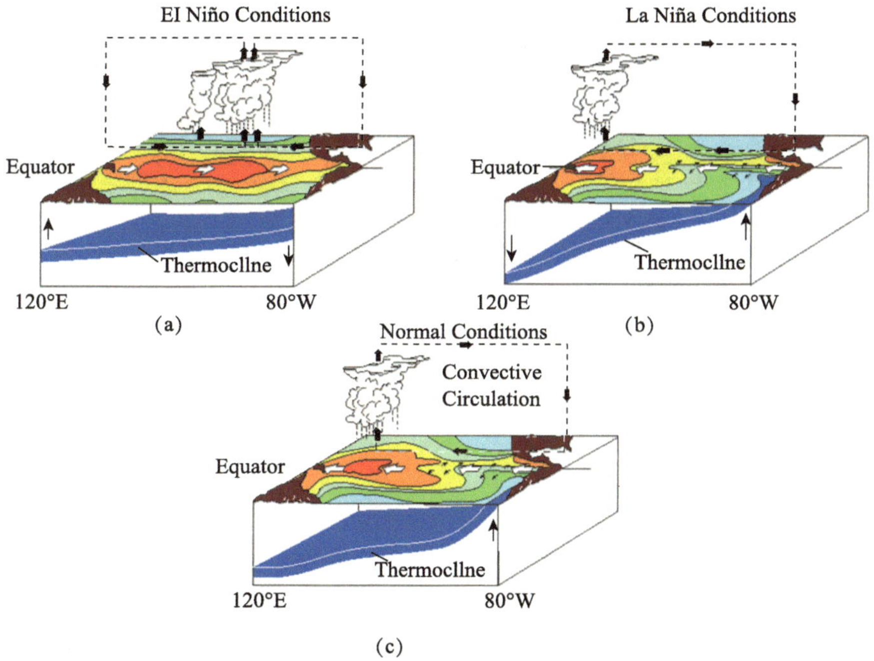

图 9-3-1 热带太平洋与 ENSO 循环过程示意图（图引自 http://www.pmel.noaa.gov/tao/elnino/nino-home.html[2015-5-30]）

发出海洋中的赤道波动，引起海洋中热量的重新分配，使得赤道中东太平洋和赤道西太平洋的热状况发生变化。并且，暖池热状况的变化又会造成热带西太平洋上空大气对流层低层风场的变化，并激发出与其相应的海洋赤道波动，再一次造成海洋中热量的重新分配。因此，热带西太平洋上空大气对流层低层环流场和纬向风与海洋中的赤道波动之间存在着相互作用，从而对 ENSO 循环产生重要的动力作用。

并且，研究还表明与 ENSO 循环相联系的西太平洋暖池热状况的变化所导致的热带西太平洋低层大气环流的变异对亚澳季风系统具有重要的影响。在厄尔尼诺成熟阶段，西太平洋暖池偏冷使得暖池上空的对流减弱，它所激发的大气 Rossby 波造成西北太平洋反气旋环流异常，从而使亚澳季风系统产生异常。因此，如图 9-3-2 所示的亚澳季风系统三个子系统的变化在西太平洋暖池的热力变化的影响下既相互联系又相互区别。

综上所述，当前进一步深入研究西太平洋暖池海域的海－气相互作用及其对 ENSO 循环和亚澳季风系统中三个子系统变化的影响及机理是非常必要的。

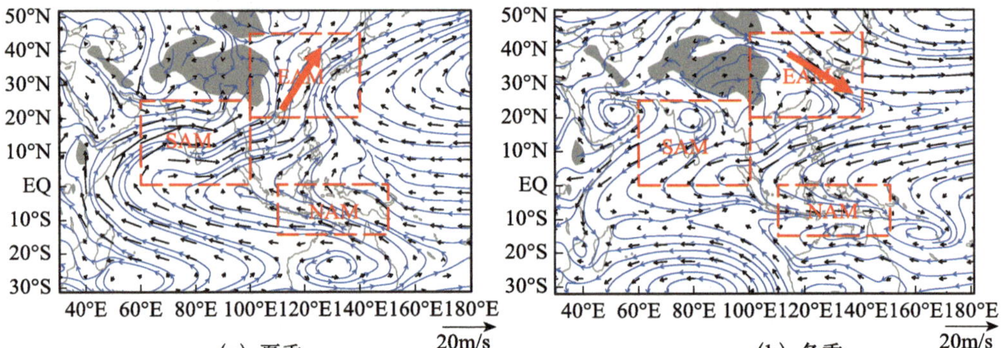

(a) 夏季　　(b) 冬季

图 9-3-2　北半球夏季和冬季亚澳季风系统三个子系统示意图（图由陈际龙提供）

二、西太平洋暖池热状况影响东亚季风系统和中国极端气候的过程及其机理

研究表明，西太平洋暖池对东亚季风系统有重要影响，当暖池偏暖时，中国东南大陆沿岸出现偏南风异常，造成东亚冬季风减弱（Zhang et al.，1996），华南降水增多（Zhang et al.，1999；Zhang and Sumi，2002），并在夏季时会引起西北太平洋反气旋环流异常，使得西北太平洋副热带高压位置偏南，多雨区出

现在长江中下游区域（Zhang et al.，1999）。并且，暖池的热状况对东亚夏季风具有明显的影响，如图 9-2-2 所示，西太平洋暖池偏暖时东亚夏季风偏强，偏冷时东亚夏季风偏弱，长江、淮河流域夏季降水偏多（Huang and Sun，1992）。

西太平洋暖池热状态和菲律宾附近上空的对流活动通过激发出太平洋－日本（即 P-J）振荡，对东亚的夏季气候产生影响，当这一海域海面温度偏低时，菲律宾附近的对流活动较弱，此时东亚中纬度地区常常出现冷夏（Nitta，1987）。并且，西太平洋暖池上空的对流活动所形成的强大热源会激发出准定常行星波，它的传播不仅会造成中国长江、淮河流域、韩国和日本的夏季气候异常，而且还会造成中国华北和朝鲜半岛的夏季气候异常，以及鄂霍茨克海上空和北美夏季气候异常，即所谓的东亚 / 太平洋（EAP）型遥相关，通过这种遥相关型对东亚和北半球气候产生了强烈的影响（黄荣辉和李维京，1988；Huang and Sun，1992）。他们的研究表明，如图 9-2-2 所示，若热带西太平洋海水温度偏高，菲律宾附近的对流活动强，西太平洋副热带高压偏北，我国江淮流域、朝鲜半岛南部和日本的夏季风降水减少，而我国的华北和江南降水偏多；反之，若热带西太平洋海水温度偏低，则菲律宾附近的对流活动弱，西太平洋副热带高压偏南，江淮流域夏季风降水偏多，华北和江南地区降水偏少。事实上，厄尔尼诺对东亚季风的影响也是通过暖池上空对流异常来实现的（Zhang et al.，1996），在厄尔尼诺事件成熟期时，暖池上空激发出的 Rossby 波在西北太平洋产生反气旋异常，进而对东亚夏季风和中国气候产生影响（Zhang et al.，1999；Zhang and Sumi，2002）。

上述研究表明了西太平洋暖池热状况的变化是通过 EAP 遥相关波列对东亚夏季风和中国夏季气候异常产生严重影响。因此，在当前进一步研究西太平洋暖池热力变化的年际和年代际变化特征及其对东亚夏季风爆发、年际和年代际变化的影响过程和机理是非常必要的，特别是应加强研究西太平洋暖池热力的准两年（即 TBO）变化的发生机理及其对东亚夏季风和中国夏季旱涝气候灾害年际变化的影响过程及机理。

三、西太平洋暖池强对流的变异过程、成因及模拟

西太平洋暖池上空的对流活动受到暖池热力和此海域上空纬向风辐合的影响，对夏季暖池上空的对流活动与热带太平洋海面温度的相关分析表明，夏季暖池上空的对流强度与前期冬季和春季暖池区域海面温度具有显著的正相

关（陆日宇，2001）。如图 9-2-2 所示，在西太平洋暖池偏暖时期，此海域上空 Walker 环流偏强；相反，热带西太平洋海温偏低，Walker 环流偏弱，暖池上空对流活动减弱。

同样，东亚冬季风也可以对西太平洋暖池区的对流活动产生影响，研究表明，北半球冬季从东北亚南下的冷涌可以加强热带西太平洋上空的对流活动，并导致 Walker 环流和 Hadley 环流的增强（Lau and Lim，1982）。在冬半年强东亚大槽所引起寒潮的频繁活动，通过行星波列把能量不断向东南方向频散到热带中、西太平洋地区，从而可以引起热带中、西太平洋地区偏东信风的持续减弱以及对流活动的加强（李崇银，1988；Li，1990）。然而，应看到夏季西太平洋暖池的对流活动不仅依赖于暖池前期的热力状态，而且依赖于热带印度洋的热力状态（Xie et al.，2009）以及西太平洋的环流异常。

从上述可以看到，西太平洋暖池和热带印度洋海域的海洋热状态、环流、对流、波动之间的相互作用是相当复杂的，这也是西太平洋暖池海 - 气相互作用中一个基本的科学问题。当前西太平洋暖池海域上空的对流活动变异过程及其成因是一个亟须通过观测、动力分析和数值模拟进一步深入研究的重要科学问题。并且，西太平洋暖池海域上空由于海面温度异常高，对流活动异常强，在数值模式中很难较好模拟，这不仅影响到此海域环流和气候变异的模拟，而且影响到东亚和南亚环流和气候变异的模拟和预测，这些都要求在今后研究中必须加以重视。

四、西太平洋暖池对西北太平洋台风活动的影响及其过程

西太平洋暖池的热力不仅影响东亚季风的变异，而且对西北太平洋台风活动也有显著的影响。暖池次表层海温热力状态对西北太平洋台风活动变异具有较好的指示作用。研究表明，如图 9-3-3 所示，在西太平洋暖池热力处于偏暖的夏季，夏秋季台风在西北太平洋偏西、偏北海域生成较多，其路径更多表现为西北行路径，我国沿海热带风暴和台风活动频繁；相反，在西太平洋暖池处偏冷的夏季，夏秋季台风在西北太平洋偏东、偏南海域生成较多，其路径西北移动至日本东南部海域时易于发生朝东北转向，从而影响日本和韩国的台风偏多（黄荣辉和陈光华，2007；Chen and Huang，2008）。

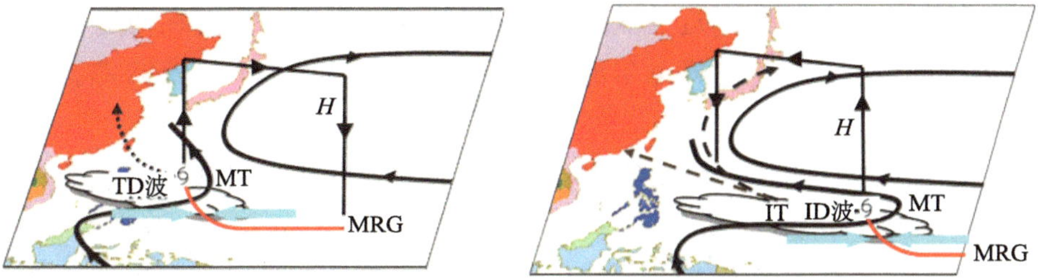

(a) 暖池暖（暖状态） (b) 暖池冷（冷状态）

图9-3-3 西太平洋暖池热状态影响西北太平洋上台风路径的示意图（黄荣辉和陈光华，2007）

然而，应该看到西太平洋暖池区的表面海温常年超过28.5℃，它总是满足热带气旋生成的热力条件。为什么西北太平洋热带气旋和台风生成还有如此大的年际和年代际变化和季节内变化，这主要是由于热带西太平洋季风槽位置和强度有很大的年际和年代际变化以及热带西太平洋上空环流的季节内变化所致。因此，热带西太平洋季风槽的年际和年代际变化成因及其对热带气旋生成的动力作用，特别是季风槽对 Rossby- 重力混合波（即 MRG 波）转变成热带低压型（即 TD 型）波动（它是热带气旋生成的先兆扰动）的动力作用值得进一步深入分析和研究。

五、暖池-ENSO循环-印度洋相互作用过程

热带西太平洋的暖水区是与厄尔尼诺相联系的一个十分活跃的区域，与厄尔尼诺相联系的海温异常在热带西太平洋有明显的表现（Fu et al.，1986）。初始的海表温度距平最早是在西太平洋暖池出现的，然后海面温度正距平连同西风距平不断向东传播，并在传播过程中加强，特别是20℃等温线也向东传播并加深（张人禾和黄荣辉，1998；李崇银和穆明权，1999；McPhaden，1999；巢清尘和巢纪平，2001）。对于次表层来说，次表层海温正异常由暖池区东传，在赤道东太平洋形成强的正距平，然后此正距平沿 10°N～20°N 的纬带向西传，到达西太平洋后再向南传到赤道西太平洋。之后，赤道西太平洋暖池区的次表层海温正异常又向东传，在赤道东太平洋形成正距平并导致 ENSO 事件的发生；同样，次表层海温负异常也有完全类似的循环过程（李崇银，2002）。巢纪平和巢清尘（2002）、巢纪平等（2003）的分析表明，在温跃层面上，当负距平信号沿赤道太平洋向东传播时，则正距平信号在北部 10°N 附近向西传播；相反，当正距平信号沿赤道向东传播时，则负距平信号在 10°N 向西传播。同时，在热

带太平洋海盆的东边界附近，从赤道北传到10°N附近，或者在西边界附近从10°N附近南传到赤道。这样厄尔尼诺事件和拉尼娜事件构成一个环路，并交替出现。

西太平洋暖池的热力状况及其上空的环流也与热带印度洋热力状况具有密切的联系。赤道印度洋和东太平洋海表温度年际变化之间存在着显著的正相关，它们之间的联系是由沿赤道印度洋上空纬向季风环流和热带太平洋上空 Walker 环流之间显著的“齿轮式”耦合造成的，而“齿轮式”耦合的结合点处于暖池上空（吴国雄和孟文，1998；孟文和吴国雄，2000），因而必然会受到暖池热力状况的影响。

综上所述，西太平洋暖池－ENSO循环－热带印度洋是一个相互作用的海－气耦合系统。当前亟须从海－气耦合的动力过程深入分析它们之间联系的内在机理，并利用海－气耦合气候数值模式再现它们的相互作用过程。

六、全球变暖背景下西太平洋暖池热力变化趋势的预估

在全球变暖的背景下，西太平洋暖池表层暖水在1982年前后出现了一次纬向位移的气候跃变，跃变后表层暖水的平均位置比跃变前东移了10个经度，这表明了自20世纪80年代初以来，西太平洋暖池表层暖水已明显向东移（张启龙等，2004）；并且，研究还表明西太平洋暖池的增温趋势主要出现在表层，47年间（1958～2004年）的增温幅度达0.15℃，而在表层之下，随着深度的增加，海温出现明显的降低趋势，次表层（120～170 m深）的降温幅度最大，可达−0.72℃（王宏娜等，2009）。伴随着过去60年印度洋的增暖，东印度洋暖池向西扩展，造成 Walker 环流的下沉支西移到东非，造成东非的降水减少（Williams and Funk，2011）。并且，印太暖池在近几十年的增暖引起了 Hadley 环流增强（Ma and Li，2008）。

西太平洋暖池热力今后变化趋势将关系到热带太平洋 ENSO 循环、亚澳季风系统的变异和西北太平洋台风活动变化趋势的预估，因此，当前亟须利用 IPCC-AR5 的 CMIP5 海－气耦合气候数值模式来预估今后在全球气候变暖背景下西太平洋暖池热力的变化趋势，从而可以从西太平洋暖池热力的变化趋势来预估亚澳季风系统和西北太平洋台风活动的变化趋势。

第四节　关键的科学问题

一、西太平洋暖池热力和上空对流变异机理及数值模型

西太平洋暖池热力的年际和年代际变异不仅受热带太平洋海流的影响，而且受热带西太平洋海－气相互作用的影响，它的年际和年代际变化机理是很复杂的，因此，当前我们亟须研究西太平洋暖池热力变异的过程及其机理；并且西太平洋暖池热力变异对气候的影响是通过其上空的对流活动来实现的，因此暖池上空不同时间尺度对流活动的形成及其变异机理也需要开展深入的研究。关于暖池上空对流活动的形成和变异，主要应该在以下四个方面开展深入的研究：①暖池海温变异与对流活动的联系，特别是暖池的海面温度、热含量，以及次表层海温变异在该海域上空的对流活动变化中的不同作用及其影响机理；②海洋和大气环流异常对暖池上空对流的遥影响及其机理，如亚澳季风、ENSO循环及印度洋热力等对暖池上空对流活动变异中的影响；③能够较好地描述西太平洋暖池海－气耦合系统及对流活动的数值模型，为暖池上空对流活动变异机理研究和预测提供必要的手段和平台；④暖池上空对流参数化。西太平洋暖池上空对流活动强，目前利用已有的参数化方法还不能准确地反映暖池上空的强对流过程，因此西太平洋暖池上空对流参数化方案在海－气耦合数值模型研究中也是一个很关键的重要科学问题。

二、暖池-ENSO循环-印度洋之间相互作用机理

已有的研究分别集中在西太平洋暖池、ENSO、印度洋海温异常及它们对亚澳季风系统单独的影响，实际上，这些系统之间存在着内在的联系，具有显著的相互作用。西太平洋暖池上空强烈的对流活动与其东侧横跨热带太平洋的 Walker 环流和其西侧的纬圈环流（反 Walker 环流）相联系，进而与 ENSO 循环和热带印度洋的海－气相互作用相联系；并且，与西太平洋暖池热状况相联系的经圈环流关联了副热带和中纬度大气环流，进而与亚澳季风系统的活动相联系。因此，亚澳季风系统、西太平洋暖池、ENSO 和热带印度洋是一个有机的整

体，它们的变异存在着内在的相互联系。为此，需要将它们看作一体来对它们进行综合的研究，这样才能真正认识它们之间的相互作用过程，这是今后此领域一个关键的重要科学问题。

三、西太平洋暖池区域的涡-波-流相互作用过程

在西太平洋暖池区，大气和海洋中不仅存在各种赤道波动，而且还存在着复杂的流系，如海洋中的南赤道洋流（SEC）、北赤道洋流（NEC）、北赤道逆流（NECC）、赤道潜流（EUC）及新几内亚沿岸流（NGCC）、沿岸潜流（NGCUC）和棉兰老海流（MC）等西边界流，在大气中则有东风带及与季风槽相联系的环流。并且，此海域还存在着多种涡，如海洋中的棉兰老冷涡（ME）、哈马黑拉暖涡（HE）及其他涡旋活动，在西太平洋暖池区域上空大气为热带气旋的一个主要生成地，并存在着与强对流相联系的多时空尺度的涡旋。此外，在西太平洋暖池区大气和海洋都存在着强的 30～60 天振荡（MJO）和准双周振荡。因此，若要对西太平洋暖池区域海－气耦合系统有一个深入的认识，除了必须了解西太平洋暖池不同时间尺度大气和海洋中的涡－波－流相互作用过程外，还需要深入研究海－气耦合过程在西太平洋暖池海域大气和海洋中涡－波－流相互作用过程中所起的动力和热力作用，这些是此领域亟须研究的关键科学问题。

第五节　对今后研究的主要建议和措施

一、加强西太平洋暖池区海-气相互作用的监测和外场试验

海洋观测资料的匮乏一直是制约我国海洋科学和气候科学发展的一个瓶颈。在为期 10 年（1985～1994 年）的国际 TOGA 计划中，其中一个显著的成绩是在热带太平洋建立了 TAO（the Tropical Atmosphere Ocean）浮标阵列；并且，从 2001 年起由日本 JAMSTEC（Japan agency for marine-earth science and technology）维持的 165°E 以西的 TRITON（triangle trans ocean buoy network）观测阵列与 TAO 阵列合并，形成了 TAO/TRITON 浮标阵列，实现了对热带海－

气系统的实时业务观测，从而提高了对 ENSO 的科学认识水平和业务预测能力。虽然 TAO/TRITON 浮标阵列具有对西太平洋暖池有一定的观测能力，但观测的范围太小，只局限在 10°S ～ 10°N。而目前正在建设中的实时地转海洋探测陈列（Argo），将实现全球海洋的实时观测，但由于经费的限制，目前施放于西太平洋暖池区域的 Argo 浮标数量还远远不能满足科学研究的需要。因此，加强西太平洋暖池区域海 – 气相互作用的监测，获取实际观测资料，这是提高对西太平洋暖池海 – 气耦合系统科学认识的基础。同时，我们也应开展针对特别科学目标的外场观测试验，以便对西太平洋暖池关键的科学问题有更加深入的认识。

二、加强国际合作

国际合作研究一直是推动科学发展的一个重要途径。对西太平洋暖池海 – 气耦合系统的研究，更需要开展广泛的国际合作，这主要是因为西太平洋暖池海 – 气耦合系统的影响具有全球性，是国际大气和海洋科学界普遍关注的重要科学问题。另外，海洋观测费用高、难度大，一个国家难以承担高额的费用。事实上，国际上已经实施的诸多海洋观测试验，如 TOGA、TOGA-COARE、WOCE（世界大洋环流试验）等都是通过国际合作来完成的。国际海洋科学家的通力合作以及多国的经费投入，是相关研究取得重要进展的一个重要原因。最近，我国科学家和国际上一些科学家共同发起的 NPOCE 计划是当前研究西太平洋暖池海 – 气相互作用一个重要的国际合作研究计划，它的实施必将推动国际在西太平洋暖池海 – 气相互作用合作研究的发展。

三、增加投入、加强人员队伍建设

研究经费的投入是开展科学研究的重要保证。西太平洋暖池海 – 气耦合系统的变异对东亚和中国的天气和气候具有重要影响，这方面的研究成果对国家防灾减灾和经济、社会发展具有重要的应用价值。虽然国家已经通过几个重大项目对与西太平洋暖池海 – 气相互作用有关的研究给予重要支持，但是研究项目还缺乏持续性，因此国家应建立持续的研究经费投入机制，并开展相应的持续研究，特别是应建立对西太平洋暖池海 – 气相互作用定点观测或断面观测的研究计划，以便对西太平洋暖池热力变化及其海 – 气相互作用进行持续的监测，从而改变在做我国汛期旱涝气候异常的预测时所使用暖池热力资料长期依赖外国的局面。另外，目前中国开展西太平洋暖池海－气耦合系统研究的人员偏少，并且缺乏专门研究机构，这不利于重大研究成果的集成，难以保证研究成果及时转化和服务于国家防灾减灾和经济发展的需求。因此，在增加持续性经费投入的同时，也要加强人员队伍建设和研究基地的建设。

总之，鉴于西太平洋暖池不仅对热带大气环流和海－气相互作用有重大影响，而且对副热带和中高纬度地区大气环流的变异也起重要作用，特别是对东亚夏季风和我国夏季旱涝等重大气候灾害和台风天气灾害的发生有严重影响，本章提出西太平洋暖池海－气相互作用及其天气气候效应是我国大气科学和全球气候变化研究的一个重大科学问题。并且，本章还从国际对西太平洋暖池海－气相互作用的研究动态及我国对此研究的重大需求提出了六个今后亟须研究的科学问题以及今后对此重大科学问题的深入研究应采取的重要措施。

参考文献

巢纪平，巢清尘. 2002. 热带西太平洋对风应力响应的动力学. 大气科学，26：145-160.

巢纪平，袁绍宇，巢清尘，等. 2003. 热带西太平洋暖池次表层暖水的起源——对1997/1998年ENSO事件的分析.大气科学，27:145-151.

巢清尘，巢纪平. 2001. 热带西太平洋和东印度洋对ENSO发展的影响. 自然科学进展，11:1293-1300.

黄荣辉，陈光华. 2007. 西北太平洋热带气旋移动路径的年际变化及其机理研究. 气象学报，65:683-694.

黄荣辉，李维京. 1988. 夏季热带西太平洋的热源异常对东亚上空副热带高压的影响及其物理机制. 大气科学，（特刊）:107-116.

李崇银，穆明权. 1999. 厄尔尼诺的发生与赤道西太平洋暖池次表层海温异常. 大气科学，23:513-521.

李崇银. 1988. 频繁的强东亚大槽活动与El Niño的发生. 中国科学（B辑），6：667-674.

李崇银. 2002. 关于ENSO本质的进一步研究. 气候与环境研究，7：160-174.

陆日宇. 2001. 西太平洋暖池上空对流对应的前期海温异常. 科学通报，46:2006-2009.

孟文，吴国雄.2000. 赤道印度洋–太平洋地区海气系统的齿轮式耦合和ENSO事件

II.数值模拟. 大气科学，24：15-25.

王宏娜，陈锦年，吕心艳. 2009. 西太平洋暖池海温的时空变化及其在ENSO循环中的作用. 海洋与湖沼，40：1-7.

吴国雄，孟文. 1998. 赤道印度洋-太平洋地区海气系统的齿轮式耦合和ENSO事件I. 资料分析，大气科学，22:470-480.

张启龙，翁学传，侯一筠，等. 2004. 西太平洋暖池表层暖水的纬向运移. 海洋学报，26：33-39.

张人禾，黄荣辉. 1998. El Niño事件发生和消亡中热带太平洋纬向风应力的动力作用I. 资料诊断和理论分析. 大气科学，22：597-609

张人禾，李强. 2004. 热带海洋变异对东亚季风的影响. 气象，30：22-26.

Anderson D L T, McCreary J P. 1985. Slowly propagating disturbance in a coupled ocean-atmosphere model, J. Atmos. Sci., 42: 615-629.

Chen G H，Huang R H. 2008. Influence of monsoon over the warm pool on interannual variation of tropical cyclone activity over the western North Pacific. Adv. Atmos. Sci., 25: 319-328.

Fine R A, Lukas R, Bingham F M, et al. 1994. The western equatorial Pacific is a water mass crossroads. J. Geophys. Res., 99: 25063-25080.

Fu C B, Diaz H, Fletcher J. 1986. Characteristics of the response of sea surface temperature in the central Pacific associated with the warm episodes of the Southern Oscillation. Mon.Wea. Rev., 114: 1716-1738.

Hu D X, Wang F, Wu L X, et al. 2011. Northwestern Pacific Ocean Circulation and Climate Experiment (NPOCE): Science/Implementation Plan. Beijing: China Ocean Press.

Huang R H, Chen J L, Wang L, et al. 2012. Characteristics, processes, and causes of the spatio-temporal variabilities of the East Asian monsoon system. Adv. Atmos. Sci., 29: 910-942.

Huang R H, Sun F Y. 1992. Impact of the tropical western Pacific on the East Asian summer monsoon. J. Met. Soc. Japan, 70: 243-256.

Huang R H, Zhang R H, Yan B L. 2001. Dynamical effect of the zonal wind anomalies over the tropical western Pacific on ENSO cycles. Science in China (Series D), 44: 1089-1098.

Lau K M, Lim H. 1982. Thermally driven motions in an equatorial β -plane: Hadley and Walker circulations during the winter monsoon. Mon. Wea. Rev., 110: 336-353.

Li C Y. 1990. Interaction between anomalous winter monsoon in East Asia and El Niño events. Adv. Atmos. Sci., 7:36-46.

Ma J, Li J. 2008. The principal modes of variability of the boreal winter Hadley cell. Geophys. Res. Lett., 35: L01808.

McCreary J P, Kundu P K. 1987. On the dynamics of the throughflow from the Pacific into the Indian Ocean. J. Phys. Oceanogr., 16: 2191-2198.

McCreary J P. 1987. A model of deep equatorial jets// Katz E J, Witte J M. Further Progress in Equatorial Oceanography.Lauderdale: Nova Univ. Press: 385–396.

McPhaden M J. 1999. Genesis and evolution of the 1997-98 El Niño. Science, 283: 950-954.

Nitta Ts. 1987. Convective activities in the western tropical Pacific and their impact on the Northern Hemisphere summer circulation. J. Meteor. Soc. Japan, 64: 373-390.

Schopf P S, Suarez M J. 1988. Vacillations in a Coupled Ocean-Atmosphere Model. J.Atmos. Sci., 45: 549-568.

Wang F, Hu D X. 2010. Introduction to international NPOCE Program. Chinese. J. Ocean. & Limm., 28: 953.

Webster P J, Lukas R. 1992. TOGA COARE: The coupled ocean-atmosphere response experiment. Bull. Amer. Meteor. Soc., 73: 1377-1416.

Webster P J, Magana V O, Palmer T N. et al. 1998. Monsoons: Processes, predictability, and the prospects for prediction. J. Geophys. Res, 103(c7, TOGA special issue): 14451-14510.

Williams P, Funk C. 2011. A westward extension of the warm pool leads to a westward extension of the Walker circulation, drying easternAfrica, Clim. Dyn., 37: 2417-2435.

Wyrtki K. 1975. El Niño—the dynamic response of the equatorial Pacific Ocean to atmospheric forcing. J. Phys.Oceanog., 5: 572-584.

Xie S P, Hu K M, Jan H F, et al. 2009. Indian Ocean Capacitor Effect on Indo–Western Pacific Climate during the summer following El Niño. J. Climate, 22: 730-747.

Yamagata T, Masumoto Y. 1989. A simple ocean-atmosphere coupled model for the origin of a warm El Niño/Southern Oscillation event. Phil. Trans. Soc., London, Ser. A, 329: 225-236.

Zhang R H, Sumi A, Kimoto M. 1996. Impact of El Niño on the East Asian monsoon: A diagnostic study of the 1986/87 and 1991/92 events. J. Meteor. Soc. Japan, 74: 49-62.

Zhang R H, Sumi A, Kimoto M. 1999. A diagnostic study of the impact of El Niño on the precipitation in China. Adv. Atmos. Sci., 16: 229-241.

Zhang R H, Sumi A. 2002. Moisture circulation over East Asia during El Niño episode in northern winter, spring and autumn. J. Meteor. Soc. Japan, 80: 213-227.

第十章

重大科学问题八：大气探测的新原理和前沿技术

第一节　引　　言

大气探测技术发展的根本目的是为认识大气运动及大气中各种物理、化学、生物过程的基本规律，以及其与周围环境的相互作用提供技术手段和方法（郄秀书等，2008）。以日益发展和成熟的物理化学原理、现代电子技术和信息技术为基础的先进大气探测技术不仅是大气科学发展的重要组成部分，也是大气科学及与之密切相关的学科快速发展的重要支撑。同时这些学科发展面临的实际需求也显著促进了大气探测技术的发展。

大气科学和地球系统科学研究的快速发展对大气探测提出了更高要求。三维时空分布的大气参数的准实时、高时空分辨率、高质量的探测有赖于提出大气探测的新原理，发展大气探测新技术，而这些发展不仅要满足现代大气科学各学科发展的迫切需求，同时要综合考虑当前电子计算机、通信、大数据量处理等技术的发展，还要兼顾我国的综合国力、天气气候的地域特点、气象业务发展的实际需要。现代大气探测技术的发展还与探测平台（地基探测场地、海洋船舶平台、机载平台、卫星载荷平台等）发展密切相关，因此，大气探测技术还需要跟踪航空航天和航海领域的技术进步。

第二节　我国大气探测技术发展现状和问题

我国大气探测技术发展的主要现状包括：已经建立了覆盖良好的地面气象和高空大气监测网络；在测雨雷达联网观测和数据同化方面也取得了长足发展；在卫星遥感观测方面，我国多仪器和多平台卫星综合遥感探测能力已经形成，部分仪器探测能力接近同类仪器国际先进水平。

一、气象业务探测体系

中国气象局已经建立各类气象台站 2600 余个，其中包括 120 余个气象探空站，对大气基本要素开展常规业务探测（观测）。2002 年 1 月开始推广使用 L 波段 GFE(L)1 型二次测风雷达 -GTS1 型数字式电子探空仪高空探测系统。与原先的 701 二次测风雷达 -59 型机械式探空仪高空探测系统比较，新的探空系统在自动化和测量精度方面都有很大的提高，其中相对湿度探测利用碳湿敏元件的数字式电子探空仪代替用肠膜测湿元件，探测精度显著提高。云、能见度、天气等自动化探测仪器取得显著进展，已经研发了全自动可见光全天空成像仪自动观测系统和扫描式全天空热红外云像仪 (霍娟和吕达仁，2010；章文星等，2010)，有望在气象业务体系中发挥重要作用。

基于业务和科研的需要，我国的天气雷达探测技术发展迅速。中国气象局在我国东部地区及中部大部地区建成了 300 多个雷达站，已经形成了地基测雨雷达网，使我们能够对暴雨、冰雹等灾害性天气实施有效的监测和预警。目前，我国主要装备 S 波段、C 波段和 X 波段多普勒天气雷达。多普勒天气雷达既可以探测云和降水系统的回波强度，又能够探测到径向速度，与常规数字化雷达相比，多普勒天气雷达为监测和研究中尺度对流系统的动力结构提供了更多的信息。但这对了解结构非常复杂的中尺度对流系统还远远不够。为了更详尽探测降水系统的动力、热力和微物理结构，双线偏振雷达、相控阵雷达等雷达新技术也得到快速的发展（刘黎平等，2006）。双线偏振雷达可以交替发射或同时发射水平和垂直偏振波，并接收两个偏振方向的回波信号，除可获取回波强度、径向速度、速度谱宽外，还可探测降水系统的差分反射率因子、差分相移、退偏振因子、相关系数等参量。与常规多普勒天气雷达相比，其探测云和降水的能力有显著提高，可以明显提高雷达观测降水和识别降水粒子相态的能力，在暴雨洪水监测、人工影响天气、水库和城市的水资源管理、航空等领域有广泛的应用潜力，是雷暴、冰雹、暴雨、台风等灾害性天气研究的重要工具。

雷电的发生与强对流的发展密切相关，基于雷电灾害防护和强对流监测预警的需要，中国气象局在我国大部分省市布设了雷电（地闪）定位系统。中国电力总公司也在雷电多发区域布设了地闪定位网，为输电线路雷击故障点的查找提供重要参考。除给出回击发生的时间、地点等信息外，地闪定位网还可以给出对回击电流峰值的估算。目前雷电数据不仅在中国气象局的强对流灾害性天气的监测预警、电力部门雷击故障点查找中发挥了重要作用，也促进了我国雷电气象学的发展 (郄秀书等，2014)。

随着国力的日益增强，我国气象卫星也得到快速发展。目前我国气象卫星已拥有极轨和地球同步卫星系列。我国目前在轨地球静止卫星包括风云二号 C 星和 D 星，主要获取白天可见光云图、昼夜红外云图和水汽分布图，采取双星协同观测方式，可以实现每 15min 加密观测大气，明显地提高了灾害性天气的监测时效，这对于跟踪台风、暴雨等灾害性天气的发生发展和预警至关重要。中国第二代极轨气象卫星风云三号（FY-3）A 星和 B 星，实现了上午星和下午星的双星组网观测，使得全球观测频次由 12h 提高到 6h，从而提升了气象灾害和大气环境监测时效。FY3A 卫星作为我国新一代风云极轨气象卫星的首发试验试用卫星，具有有效载荷大、运动部件多的特点，且大部分仪器属于首次上星，仪器的定量探测性能要求高、技术复杂、研制难度大，整星研制水平已经与国际同类气象卫星相当 (杨军等，2011)。总体上，我国卫星平台搭载的某些仪器硬件水平正在接近并超过美国，但在星载主动探测、GPS 掩星探测、高光谱大气探测方面，以及对卫星资料的后续处理能力、反演能力及分析能力方面还有很大的提升空间。

二、地基激光雷达探测技术

利用激光在大气传输过程中发生的米 (Mie) 散射、瑞利 (Rayleigh) 散射、拉曼 (Raman) 散射、原子或分子的共振荧光 (Fluorescence) 散射及粒子运动产生的多普勒频移 (Doppler) 效应等，激光雷达可以对大气密度、温度、水汽、云、风、气溶胶、痕量气体、污染气体等的垂直廓线有比较好的解析能力，还能给出高层大气金属离子和原子等分布。

我国于 1996 年研制出国内首台紫外差分吸收激光雷达 (UV-DIAL) 测量平流层臭氧的垂直分布。通过发射多波长（289nm、299nm、308nm 和 355nm）的激光对臭氧浓度廓线进行高精度探测。接收系统中大口径望远镜接收 289nm 和 299nm 回波用以探测 5～18km 高度的臭氧垂直分布，另外一台大口径望远镜接收 308nm 和 355nm 回波用以探测 15～40km 和 30～50km 的臭氧垂直分布。2004 年我国成功研制出车载大气环境激光雷达系统，可对大气中 NO_2、SO_2、O_3 和气溶胶等进行监测，但在 NO_x 的监测中只能监测 NO_2 一种氮氧化物，而缺乏对几种主要 NO_x 和高精度 SO_2 的监测。

激光测风雷达技术的发展大致经历了 20 世纪 70 年代的连续相干多普勒测风、80 年代的脉冲相干多普勒测风，到 90 年代的脉冲非相干多普勒测风的发展路线。激光雷达平流层测风的方式通常有采用非相干测风，其中使用最多的是边缘测风。国内在激光雷达测风方面有多年的研究，包括 F-P 双边缘鉴频技术、碘分子吸收鉴频和激光稳频技术，以及原子法拉第鉴频和激光稳频技术等。瑞利测风单元采用鉴频光学器件将瑞利散射信号的左、右边缘光谱分离出来，根据两路信号强度之差来反演大气回波中的多普勒频移量，由此得到径向风速，并且在扫描机构的控制下，测量不同方向的径向风速，以此合成空间风场分布，可以获得 10～40km 的大气风场。钠荧光测温测风单元探测钠原子的超精细光谱，通过其多普勒展宽来反演温度，通过多普勒频移来反演风场。具体实现是发射三个不同频率的激光束，通过回波强度的变化来实现对 80～110km 的大气温度和风场探测。

三、大气成分卫星遥感探测

中国正在研制的 CO_2 监测卫星（简称中国碳卫星 -TANSAT）配置了高光谱分辨率大气 CO_2 光栅光谱仪和云与气溶胶偏振成像仪（CAPI）。前者通过探测 CO_2 弱吸收带（1.6μm，分辨率 0.12 nm）、CO_2 强吸收带（2.1μm，分辨率 0.16 nm）和氧气 -A 吸收带（0.76μm，分辨率 0.044 nm）三个波段的后向散射短波红外辐射获得整层大气特别是近地面层 CO_2 信息；CAPI 作为辅助载荷提供气溶胶信息。为了突破传统卫星观测方式对提高 CO_2 观测精度的制约，碳卫星采用了星下点观测方式（陆地），同时结合洋面耀斑观测方式和目标观测方式（地面站定标和地面特定区域如重点排放源区)。碳卫星空间分辨率为 1km × 2km，计划于 2016 年发射，另外我国极轨气象卫星风云 3-D/E/F 系列也部署了温室气体吸收光谱仪（GAS），利用 0.76μm，1.61μm，2.01μm 和 2.30μm 波段对大气中的 CO_2、CH_4、CO、N_2O、O_2 和气溶胶进行探测。上述卫星项目将为中国开展温室气体的空基高光谱观测奠定了坚实的基础，同时也加速了中国在该领域的研发进程和人才队伍建设，缩短了同国际先进水平的差距。

对流层主要大气污染物 CH_4、CO、O_3、NO_2、SO_2 主要通过低轨道卫星平台进行全球范围的观测。我国 FY-3 轨道卫星搭载的臭氧测绘光谱仪（OMS）是一个新的优化后的高光谱探测仪器，由 250～310 μm 的光谱段和 300～500μm 的光谱段组成，空间分辨率为 30 km × 60 km 和 15 km × 25 km。光谱分辨率为 0.4 nm。OMS 主要用途是对臭氧总量和臭氧垂直分布进行探测，利用这些波段的高光谱观测数据也有望同时获得对流层 O_3，NO_2，SO_2 及 CH_4 等大气污染物的信息。

四、特种大气探空技术和探测平台

臭氧是大气中一个非常重要的化学成分，对气候系统、大气环境、生态系统和人类健康都有重要影响。大气臭氧探空系统是当前直接获得地球大气 30km 以下对流层和下平流层臭氧垂直分布的直接探测系统。我国早在 2000 年就开发了单池臭氧探测仪（GPSO3），在国内臭氧研究中发挥了重要作用，但因其固有设计缺陷使得测量精度难以满足研究需求 (吕达仁和陈洪滨，2003)。2013 年我国成功研制了基于电化学原理的双池大气臭氧探空系统，通过多次选材、设计和测试，在关键技术离子桥的研制中取得突破，通过采用特殊材料和制作工艺制作离子桥，使得仪器平均响应时间低于 30 s，达到国际先进水平。与 ECC 型臭氧探空仪之间的同球比对试验及地基 Brewer 测量结果的臭氧总量对比试验表明，自行研制的具有自主知识产权的臭氧探测系统性能指标达到国际先进水平。此外，该套臭氧探空仪施放现场检测装置操作过程较之进口设备更具程式化，对施放人员的要求更低，更有利于业务的开展。

系留气球是用缆绳连接在地面绞车上的气象气球，仪器设备由气球携带在升空过程中进行观测，或固定在不同高度上进行观测。它可以在一段较长的时间（几小时至几十小时）内连续测量气象要素的变化，而不像探空气球只能一次性测量。系留气球探测特别适用于大气污染监测和研究大气边界层等。我国系留探空技术的研发始于20世纪90年代初期，目前已掌握比较成熟技术和积累很多实践经验，我国研制的系留气球上升高度可达2000m，悬挂载荷可达20kg，已经在边界层过程研究和环境监测中得到广泛应用。

我国成功研制了平流层气球下投探空系统。该系统可实时测量大气温度、气压、湿度和风速垂直分布；探测仪落到海面后，进行海温和海流的测量；测量数据通过平流层的中继转发装置发回岸基地面站。该下投探空系统主要特点如下：①形成了比较经济可靠的定高长时间飞行平流层下投探空技术；②形成了大气温、压、湿、风和海温海流的多参数一体化探测技术；③通过选择不同波段，可同时接收多个下投探空仪的信号。

我国早在20世纪80年代就成功开展了平流层气球放飞试验。2000年后，我国平流层气球技术方面又有新进展，在平流层实现了10h的平飞，成功地试验了指令抛沙升空的动作和回收。该次试验的成功，为我国的高空探测尤其是平流层探空和空气取样增添了又一重要而又经济的平台，该平台还可用于中小型遥感仪器的校飞和短时期的通信中继等(吕达仁和陈洪滨，2003)。

我国目前在大气科学方面的科学研究和业务作业飞机，主要依赖于各省市从事人工影响天气的作业飞机。一般续航时间为5～8h，航程为1000~1500km，升限为6~10km。为了科学研究的需要，部分飞机装载了机载PMS粒子测量系统、9.5毫米机载微波辐射计或云粒子探测系统（DMT），并开展了野外观测实验。其中PMS三个探头分别为FSSP-100-ER（量程为2～47μm）、OAP-2D-GA2（量程为17.75～1567.75μm）和OAP-2D-GB2（量程为106.5～9406.5μm），可分别测量小云粒子、大云粒子、降水粒子数浓度的时空分布。

此外，国内已经研制成功人工影响天气微型无人驾驶飞机，飞行高度达6km，作业半径一般是20 km，该飞机可用于复杂天气下人影作业，是可控和可回收的探测器和播撒器。人工影响天气微型无人驾驶飞机系统由微型飞机、任务载荷（机载撒播装置和探测装置）及地面监视控制三部分构成。飞行前通过计算机给飞机上的机载控制系统设置航线，遥控起飞后可由机载控制系统控制，飞机按照预定航线进行自主飞行；当需要修改飞行方向时，也可通过遥控终端发出指令修改飞机的飞行方向；在到达作业高度后，通过遥控终端发出指令，飞机开始播撒作业。在整个飞行过程中飞机不断探测大气温、压、湿和风，连续将探测资料和飞行数据发送给地面监视终端。

五、基于先进探测技术的大型观测实验和观测试验站

近代大气科学之所以取得迅速的发展，一个重要的原因是新观测技术的应用和观测系统的建设(黄荣辉，2006)。基于科学发展的需要，在国家自然科学基金委和国家重点基础研究发展计划（“973”计划）项目的支持下，我国科学家开展了一系列有重要影响的大型科学实验，如黑河外场实验计划（HEIFE）、青藏高原地－气系统物理过程及其对全球气候和中国灾害性天气影响的观测研究（TIPEX）、内蒙古半干旱草原土壤－植被－大气相互作用(IMGRASS)、我国西北干旱区陆－气相互作用观测试验（NWC-LAIEX）等。大气探测在这些观测实验中发挥了举足轻重的作用。

我国也十分重视大气研究观测网络和综合试验站的建设。国家大气成分本底观测研究台站网络便是我国已经建设的五大野外观测台站网络中成员之一。与大气科学相关的代表性综合观测试验站有：中国科学院大气物理研究所的河北香河大气探测综合试验站、河北兴隆的大气本底观测站、吉林通榆的中国东部半干旱区气候与环境观测站、甘肃敦煌的双墩子戈壁观测站、中国科学院寒区旱区环境与工程研究所平凉雷电与雹暴试验站、兰州大学半干旱气候与环境观测站及南京大学地球系统区域过程综合观测试验基地等。先进大气探测设备的配置是试验站发展的基础。

六、我国大气探测技术发展面临的问题

我国的大气探测技术发展迅速，但我国大气探测技术研发和学科发展没有得到足够重视，缺乏系统规划，从事大气探测研究和技术研发的人员也相对少。总体而言，我国大气探测学和技术的发展难以满足大气科学发展的需求，大气探测原理创新和前沿技术的水平和发展距离国际先进水平仍有较大差距。具体体现在如下方面。

（1）自主设计和研发的仪器设备不足，一些探测技术主要依赖跟踪国外，一些重要仪器设备主要依靠进口。依赖国外现成技术方法和从国外购买仪器设备进行科学研究，不可避免地沿用国外的实验手段，甚至重复国外的工作，也必然影响原创性科学成果的获得。

（2）在大气探测发展上存在重研制本身和设备直接引进，轻定量化评估和定标，对大型设备缺乏稳定的运行支持，严重影响了其可靠运行和高质量数据

的获得，有些数据甚至无法在科学研究和业务应用中发挥作用。

（3）由于保障体制和机制不健全，能够适应和有效支撑我国大气科学发展的高水平技术人才缺乏，特别是具有高技术研发能力的人才匮乏。

（4）进行综合观测和技术创新的大型实验基地不足，从而导致高质量的长期持续监测数据缺乏，特别是一些特种观测数据缺乏，观测数据不完整、不系统，从而影响对科学问题的深入研究。

第三节　大气探测技术国际发展动态

20 世纪 90 年代以来，国际上基于卫星、飞机、探空气球和汽艇，以及地面各类平台的大气探测技术迅猛发展，形成了从全球到区域层面，再到中小尺度、微尺度层面的立体探测。极端天气与大气环境探测技术的突破性进展也为防灾减灾，以及大气环境质量的了解和改善提供了重要的技术基础和条件。

一、大气探测网络化

地球大气是一个整体，对它的认识离不开对整个地球大气，甚至是整个地球系统的全面系统的观测。在国际大气科学重大科学计划科学目标的指导下，针对天气气候和环境研究的重要需求，在世界各国气象部门或研究机构参与下，相继建立了多个国际监测网络，如全球大气观测网络（GAW）、全球气溶胶观测网络（AERONET）、地面辐射监测基准网络（BSRN）、全球雷电监测网络（WWLLN）、激光雷达监测网络（MPLNET）、全球平流层变化观测网 (NDSC) 等。这些网络的建立及长期连续稳定运行为大气科学和地球系统科学的研究奠定了重要的数据基础。

二、先进的特色大气探空平台和仪器发展

目前国际上特色大气探空除了臭氧探空以外，还包括对水汽、粒子、SO_2、CO_2 等大气成分的探空观测。由于对流层上层及以上高度的水汽含量非常低，常规探空仪很难精确测量水汽浓度，国际上采用直接测量霜点的方法来测量水

汽。但是，这类探空仪还处于试验阶段，目前用于科学研究的型号主要有美国 NOAA 的 FPH 湿度计和 Colorado 大学在此基础上改良的 CFH 湿度计。测量粒子的探空仪有 ETH 研发的袖珍光学散射粒子探测仪（COBALD），通过发射两个波长的激光（455nm 和 870nm），并接收其后向散射信号，从而根据散射信号的强度估计粒子浓度，根据颜色指数估计粒子尺度。SO_2 的测量可以利用两个臭氧探空仪来实现，由于 ECC 臭氧探空仪对臭氧浓度的测量经常受到 SO_2 浓度的干扰，可以在其中一个臭氧探空仪进气口加上一层 SO_2 过滤纸，从而根据两个臭氧探空仪测量臭氧浓度的差异得到 SO_2 的浓度。CO_2 探空仪，主要采用在中红外波段的吸收特性来测量 CO_2 的浓度，主要产品有采用非色散红外吸收技术的 NDIR 型 CO_2 探测仪。

国际上开展平流层科学气球试验沿着两个发展方向，一是以平流层气球为平台加载各种科学仪器；二是以平流层气球在平流层的长期平飞。对于后者，主要是在极地（北极与南极，也有在赤道平流层的飞行）开展 1～3 个月的飞行，从而可以获取平流层的波动特征。第一个路径是开展大气气溶胶的观测，利用平流层气球的较大载荷能力，携带数十公斤甚至上百公斤的科学仪器。这些载荷包括多个粒径范围的粒子计数器，不同温度范围的加热器从而测量挥发性有机物气溶胶含量。

三、飞机大气探测技术

自从飞机进入实际应用以后，就成为一种重要的大气和环境监测的平台，完成了许多重要的大气、陆地和海洋环境的观测任务，包括对多种云系、天气系统和台风的穿越探测、对沙尘暴的穿越和跟踪飞行探测、对温室气体或/和污染气体的洲际飞行监测等。美国、英国、德国、俄罗斯等大气和环境研究机构都拥有飞机探测平台，如美国的一些主要大气和地球科学研究机构就装备了 C-130、ER-2、湾流、麦道等机型，在大型科学试验中发挥了重要作用。美国国家大气研究中心（NCAR）拥有当今最先进的机载环境探测平台 HIAPER；美国空军有专门的台风探测飞机中队（Hurricane Hunter）；NOAA 等机构正实施全球鹰无人机大气和环境探测研究计划。这些飞机的主要载荷用于测量云结构的机载微波雷达、可实现现场定标的多种大气成分（O_3、水汽、NO_x、SO_2、冰水含量、液态水含量等）机载装置。其中，美国的 ER-2 飞机可测量对流层上层至平流层下层，巡航高度为 18～21km，续航时间为 8～10h，载荷包括气溶胶与辐射的遥感测量，还观测基本化学成分。美国 NCAR 的 GV 飞机可以观测对流层中上层，升限为 14km，续航为 8～10h，主要关注大气成分、光化学气体、气溶胶及云微物理的观测。美国的 DC-8 飞机可观测从地面到对流层上层，升限为 12km，巡航时间为 8～10h，载荷包括大气成分、气溶胶、多重辐射观测及臭氧与气溶胶的遥感观测。

欧洲、美国还利用商业飞机开展大气成分的观测，该项观测技术已经有 20 年的历史。主要科学计划有 MOZAIC、IAGOS，主要关注气候变化、空气质量、平流层臭氧损耗和大气氧化能力。

四、卫星地球观测系统

空间对地观测技术是地球系统观测的核心组成部分，发展全球云、降水、雷电、大气成分、大气温湿廓线等卫星遥感探测技术始终是空间大气探测的重点，特别是 20 世纪以来取得了巨大发展。

大气温室气体和大气环境卫星遥感监测发展迅速。2009 年 1 月搭载于日本 GOSAT 卫星上的 TANSO 是新一代高光谱分辨率傅里叶变换光谱仪，已获取全球大气 CO_2 和 CH_4 观测数据。美国 OCO-2 于 2014 年 7 月发射，未来将提供更大规模的 CO_2 观测数据。2016 年包括中国碳卫星在内至少 3 颗具有短波红外探测能力的卫星同时在轨观测。未来 5～10 年，日本 GOSAT-2、美国 OCO-3、法国 MicroCarb 和德国 CarbonSat 等一系列短波红外温室气体监测卫星将陆续发射升空。

近 10 年来，卫星观测已经提供越来越多的较可靠的对流层污染物数据。例如，美国 Aura 卫星搭载的对流层热辐射光谱仪（TES）及臭氧监测仪（OMI）分别在热红外和紫外波段观测对流层臭氧。类似的具备观测对流层污染物能力的传感器还有欧洲极轨气象卫星 Metop-A 的 IASI 和 GOME-2。这些仪器通过观测大气后向散射的紫外辐射或红外发射辐射获得对流层臭氧的信息，或者通过观测紫外和可见光大气后向散射获得 CH_4、NO_2、SO_2 及气溶胶信息。

为了获取更高时空分辨率的对流层大气污染物的信息，近年来美欧日韩等国先后提出了利用静止轨道卫星监测痕量气体的概念，获取更高时空分辨率（0.5～1h）数据即将成为可能。基于静止轨道卫星平台的紫外－可见光光谱仪可以用于监测臭氧、NO_2、SO_2、HCHO 和气溶胶光学厚度的日变化。结合化学输送模式或气候模式，基于静止轨道卫星的观测数据将最大限度地提高我们对大气中的物理过程及大气化学过程和气候变化的相互作用的理解能力，这有助于空气污染控制和未来气候变化预测的策略设计。静止轨道平台的优势已促成了众多相关计划的设立，如美国的静止轨道海岸和大气污染观测计划（GEOCAPE），欧洲的 Sentennial-4/5，日本的空气污染监测计划（GMAP-Asia）以及韩国的静止轨道环境监测光谱仪 GEMS 将在 2017~2020 窗口期发射。

为了满足研究全球变化所需的长期数据积累需求，美国国家航空航天局（NASA）推出了“地球科学事业计划”（ESE），作为 ESE 计划的顶层组成部分之一，卫星队列（A-Train）以多颗卫星编队组合方式飞行，实现多平台、多传感器、多谱段的协同对地观测。A-Train 星座由 6 颗卫星组成（Aqua、Aura、PARASOL、CloudSat、CALIPSO 和 OCO−2），搭载的多仪器能够以多通道、多角度、光学偏振方式、微波极化方式等，对地 – 气系统的诸多参数进行主动和被动遥感方式进行探测。与单个卫星平台相比，A-Train 多平台搭载多仪器的编队飞行对地探测，既解决了单个卫星平台有限的载荷问题，又发挥了各自仪器的优势，实现了多仪器准时间同步不同视角的综合对地探测。日本和欧盟合作的 EarthCare 计划将首次在同一卫星平台上同时搭载主动探测气溶胶和云的云雷达和激光雷达。

当前国际大气探测仪器已经从早期的简单可见光学遥感，发展到覆盖从紫外到微波的大气遥感探测及高光谱探测。大气微波主被动遥感探测反演大气参数、土壤和海洋参数是当前国际大气遥感发展的主要方向之一。根据探测对象的不同，选择的微波频率从几 GHz 到几百 GHz，利用不同频率微波成像仪探测结果，为我们认知大气水汽、云水云冰含量、降水强度、海表温度和风场等提供很好的资料，并用于改进模式的预报结果。在轨的大气红外探测仪（AIRS）、红外大气探测干涉仪（IASI）等星载高光谱探测器利用大气热红外波段光谱对大气对流层中层和平流层的 CO_2 进行了成功观测。吸收光谱扫描成像大气制图仪（SCIAMACHY）覆盖了短波红外 CO_2 和 CH_4 吸收波段高光谱探测信息。上述仪器多搭载于位于太阳同步轨道的极轨卫星上，数据的时间分辨率在 1 天以上。主要反演方法包括差分吸收法、直接光谱拟合法或物理反演方法。

在过去二三十年，中高层大气研究的空间观测能力也已有很大的提升，测量谱段从紫外、可见光、近短红外一直到热红外和微波，从逐点扫描到成像观测，采用了地球大气临边垂直扫描与成像、太阳掩星、GPS 掩星、对地太阳后向散射和对地热辐射测量等观测方式，提供了大量的大气温度、风场和多种成分的资料，得到了许多科学结果和应用。已经上天的中高层大气研究卫星和主要传感器的垂直探测范围已覆盖了所有中高层大气层次，即平流层、中间层和热层下层／电离层(陈洪滨，2009)。

五、组织和实施大型科学研究计划或科学实验

从20世纪80年代开始，国际上开展了一系列全球性的大型科学研究计划或科学实验，如世界气候研究计划（WCRP）、国际地圈生物圈研究计划（IGBP）、WCRP实施的热带海洋与全球大气研究计划（TOGA）、全球洋流实验（WOCE）、气候变率及其可预报性研究计划（CLIVAR）、全球能量水分循环研究计划（GEWEX）和地球系统观测和预测协调研究计划（COPES），以及世界天气研究计划（WWRP）及所属的全球观测系统研究与可预报性试验（THORPEX）等。这些计划都把观测系统建设放在研究计划的首位，先进的大气探测技术不仅在科学认识方面发挥了重要作用，科学观测也同时促进了大气探测技术的发展。

第四节　亟须发展的大气探测前沿技术

为适应不断发展的现代大气科学研究需要，也为监测和预测天气气候，了解大气变化与空气质量，满足国防、航空、航天、通信、国家决策、防灾减灾、改善大气环境质量等国家需求，同时考虑到国际大气探测技术的发展，这里提出以下我国亟须发展的大气探测前沿技术。

一、地基全大气全要素探测

实现全大气层多要素连续观测能力，将有可能对气候、环境变化所依托的大气层动力－物理－化学过程在垂直方向上的耦合有更为清晰的理解和定量认识。因此，有必要构建一套全中性大气层多要素、高垂直分辨率、准连续探测系统，以高时空分辨率资料理解某些关键作用区（如对流层顶、急流区、中间层顶）的复杂过程，以高时空分辨率、多要素和长时间观测资料来理解全球变化中的大气上下层及其对太阳活动和地表的响应过程，如全球变暖中的低层变

暖和高层变冷，以高时间分辨率和高垂直分辨率多要素来“捕捉”一些可能的瞬变过程，如太阳活动对大气层的物理作用链等。因此，迫切需要在我国发展地基全大气层多参数探测手段，以实现对全大气层高垂直分辨率、高时间分辨率、连续的多要素同时定量观测，并通过集成反演算法的建立实现对全大气层垂直结构、运动变化与成分输送的观测研究。目前需要解决的关键技术如下。

（1）研发高精度水汽探空仪器，获得大气温度、湿度和风场的垂直分布及高时空分辨率热力、动力结构。

（2）集成多种探测平台，研发轻便大气成分探测仪器，获得重要大气温室气体（如 CO_2、水汽）与污染气体（如 O_3、NO_x、SO_2）和气溶胶等的垂直分布及多时空尺度变化规律。

（3）多波段主被动大气遥感探测手段的充分结合、相互补充与约束。

（4）开发全大气层多参数综合反演算法，达到更高精度和更小不确定性。

（5）构建卫星遥感的全大气层地基观测验证平台。

（6）监测太阳活动和宇宙线对地球大气作用的垂直链过程。

二、高光谱卫星遥感探测技术

我国经济发展导致温室气体和污染高排放成为制约我国可持续发展的重要瓶颈，协调平衡发展和排放的问题是我国需要面对的重要难题。温室气体和污染排放的监测不仅需要提供其平均浓度的时空分布，更重要的是获取源、汇信息。地面测量可以发挥重要作用，但显然难以满足相关科学需求。采用由上而下（Top-Down）卫星遥感观测的温室气体和污染成分浓度，并结合输送模式为基础的同化模型来得到温室气体地表通量和污染排放源强，这是获取陆地和海洋的碳源、汇以及污染排放源强的重要发展方向之一。而这些研究的重要基础是获取高质量的温室气体和污染浓度的监测数据，因此温室气体和污染成分高精度反演理论和观测技术成为其关键环节。高光谱大气遥感是提供高质量温室气体和污染成分的重要卫星遥感观测手段，利用高光谱探测仪器开展大气成分的探测需要在星载探测器的关键技术、高精度的反演方法、地面观测验证系统和数据应用方面需开展以下系统的工作。

（1）高光谱分辨率短波红外高灵敏度探测技术，这其中精细光谱的高精度定标技术是亟须解决的关键问题，也是核心问题。

（2）目前同化卫星反演柱浓度数据以获取 CO_2 源汇信息的研究尚处于探索

阶段，其核心的困难问题是如何采用一个合适的动力模型来描述本质上作为边界条件出现的 CO_2 的源排放的演变过程及其与大气 CO_2 浓度的关系、如何建立发展适用于碳循环数据同化的理论与方法，构建恰当碳卫星数据同化系统对大气 CO_2 浓度及源汇进行准确估算是亟待解决的科学问题。

（3）物理反演方法建立在对大气辐射的精确模拟基础上，现有的气体吸收截面通用数据库仍存在一定的误差，无法满足高精度需求，需要配合实验室测量做进一步改进。

（4）基于卫星平台观测对流层臭氧，特别是边界层内臭氧浓度是具有挑战性的前沿课题，所以探讨在中国及周边区域利用静止轨道卫星平台监测大气污染物的可行性有重要的科学意义和应用前景。

（5）通过发展大气温室气体的高光谱探测技术和高精度反演算法，发展适用于碳同化的数据同化方法，并结合全球 / 区域大气传输模式构建可同化多源观测资料（地基 / 卫星）并能进行源汇反演及通量估计的全球 CO_2 数据同化系统。

三、地基联网观测及天地一体化观测系统

人类活动导致全球气候和环境发生了显著变化，人类活动排放的温室气体是导致全球变暖的主要原因，而排放的各类污染物不仅严重影响大气环境质量和人体健康，也显著影响全球气候变化。深入认识和理解工业革命以来全球气候变化现象、规律、机制和可能影响，需要我们对显著影响天气气候和大气环境的各种气象要素和大气成分开展综合地基联网观测，特别是那些影响气候变化的关键的不确定因子，建立联网观测。为此，我们需开展以下的研究。

（1）大力发展多种垂直廓线探测手段组成的地基联网观测网络。激光雷达是探测大气要素和成分垂直廓线的重要手段，因此，我们需要发展激光雷达发射、接收和处理技术，降低激光雷达设备成本，进一步提升激光雷达观测质量及定量遥感反演。并且，我们需要发展低廉、轻便且可重复使用的仪器设备和装置用于大气要素垂直廓线探测。

（2）建设地基高光谱联网探测网络，提升气溶胶、云和痕量气体成分监测能力，同时加强气溶胶物理化学特性联网观测建设和观测数据质量控制，为大气环境质量监测及评估人类活动气候环境效应提供基础数据。

（3）规范观测和数据处理流程，保证观测网络数据质量和可比较性。

（4）加强网络建设顶层设计，发挥我国现有观测试验台站作用，尽量做到

监测网络集成。

（5）加强我国天地一体化观测系统建设步伐，针对天基遥感验证需求，有针对性地建立合理分布的地基遥感监测超级台站，加强天地数据融合和同化技术研究，为气象业务和科学研究提供经过严格质量控制和评估的大气要素和成分观测数据。

四、雷暴云内多参数测量技术

我国是气象灾害频发区域之一，其中暴雨和洪涝灾害尤为显著。为了提高我国对强对流天气发生发展机制的认识，特别是深入认识雷暴云生命周期和演变规律，为暴雨和洪涝灾害以及雷电灾害预报、预警和综合防御提供科学支撑，深入开展强对流天气的雷电过程及其与动力、微物理过程相互关系的研究是十分必要的，而这其中雷暴云内多参数的测量是提升相关科学认识的重要基础，目前亟须解决的关键技术如下。

（1）高时空分辨率雷电三维定位技术。强对流监测预警和雷电研究迫切需要对云闪和地闪进行放电过程的三维定位，从而实现对雷电放电通道空间发展的微秒级时间分辨率的探测和跟踪。近十几年来，电子技术和高时间精度 GPS 技术的发展极大地促进了雷电探测技术的发展，但是目前我国对雷电的探测仅限于地闪定位，而对云闪的定位能力很弱。

（2）雷暴云内的电场、粒子和气象综合探空技术。雷暴云内的电场、粒子和气象综合原位探测是了解云内动力、微物理和电特征的重要手段，美国早在 20 世纪 80 年代就实现了雷暴雨内电场和气象综合探空。虽然我国也曾研制成功配备有小型精密 GPS 的云内电场探测系统，但是仅能对强电场进行探测，科学的发展迫切需要发展能够对雷暴云内的电场、粒子和气象进行同时探测的综合探空技术，这一探空技术也可用以对双偏振雷达降水粒子识别的检验。

（3）多部雷达组网适应性观测技术。基于低成本、密集分布的小功率 X 波段雷达网络可以克服新一代天气雷达网探测因地球曲率、地物遮挡、长程衰减等造成低空覆盖低，时空分辨率不够精细等的不足，组网雷达与大雷达网络的相互补充和资料融合将是今后发展的趋势。要发展网络雷达协同自适应观测技术，提高对重点区域强天气过程的探测预警能力，为相关研究和应用提供更加精细的中小尺度天气变化数据。

（4）雷暴云综合协同观测实验。联合使用雷电辐射源三维定位技术、云内探空技术和多参数雷达技术等，通过组织雷暴云联合观测试验，不仅可以对雷暴内的雷电做到高时间分辨率的连续、三维、实时描述和监测，还可同时对空中电场、粒子形状及其荷电量、环境温度、湿度、气压等多个物理量进行同步探测。获取雷暴动力过程和微物理结构，不仅有助于揭示雷电特征、雷暴云内电荷结构，了解雷电活动与云中的动力场和微物理特征之间的相互关系和耦合机制，还可为强对流灾害性天气物理过程的完整描述提供基础。

五、流动的大气探测系统

运动的大气和演变的天气与气候系统，不仅需要地面台站、无线电探空站和多种卫星组网观测，还需要飞机和船舶等移动平台进行跟踪观测。目前的民航飞机和商船气象报告提供了一些对业务和研究有用的资料。一些车载（汽车和火车）流动探测系统（包括云 / 降水微波雷达、激光雷达、风廓线雷达、红外光谱仪、多通道微波大气温度湿度廓线和大气成分分析仪等），在大气探测研究试验和气象与环境灾害事件应急探测中发挥了很大的作用。

随着计算机、无线通信、传感器和电子等技术及数值模式和资料同化技术的发展，我们应鼓励研究发展多种形式的大气与环境流动监测系统和设备，为大气科学研究提供更多的资料。例如，大气探测技术今后应研发多种车载微小型自动气象站、大气成分监测仪（装在志愿者私家车和长途客货车等上）及资料处理分析系统；研发基于无线移动网络的区域降水和其他要素的反演技术；研发基于手机通信的大气环境多要素探测与报告系统；研发新型海上大气海洋多要素流动观测系统；研发基于平流层飞艇平台的大气和对地观测网，这个观测网的优点是比卫星系统经济，重要设备可以回收后重复使用，对地遥感可以获得很高的空间分辨率；研发多种流动探测网相应的数据质量控制、分析释用和资料同化方法等。

六、海洋气象探测新技术和新方法

我国拥有漫长的海岸线和广阔的海疆，海上大风、巨浪、风暴潮、海雾等海洋灾害和强对流等灾害性天气频发；并且，沿海地区经常遭受来自海上剧烈天气（如台风和气旋等）的侵袭，每年都造成相当严重的生命和财产损失。

海上尤其是外海气象资料的缺乏，是造成对这些天气生消演变规律科学认识不足及难以准确预报的主要原因之一。目前，我国拥有较少的有人或无人岛礁气象站、浮标站（锚定和流动的）、商船气象报告及航空观测所提供的资料，远不能满足科研和业务的需求；卫星遥感还不能提供海上灾害性天气系统内部及海面大气热力和动力参数较准确与及时的资料。

随着我国对海洋权益保护和海洋资源利用的日益重视，各种海上和沿岸活动对气象环境保障提出了更高的要求；中长期天气预报、短期气候预测乃至气候变化研究，对海上多种大气和海洋要素的精确和长期监测的需求也十分迫切。

我国大气科学今后应加强先进的海洋气象观测技术及方法的研究，研发先进的适用于海洋环境耐盐耐腐的大气－海洋自动观测设备。例如，研发基于有人和无人驾驶飞机的大气－海洋综合探测系统，机载下投式大气探空和海洋剖面设备，潜标和锚定浮标用的温盐流测量和多种成分分析的集成传感系统；研发并验证新的海上大气－海洋多要素的卫星遥感技术与反演方法；利用海岸带、海岛、浮标、船舶、飞机、卫星等多种观测平台，以及现场观测、船载探空、微波 / 红外 / 可见光主被动遥感等多种观测技术，开展固定观测和移动观测相结合、天基和地基相结合的海洋气象综合观测试验和观测技术研究；针对多种海上灾害性天气，开展综合性观测试验研究，获取大气－海洋多要素的高时空分辨立体资料集；根据全球气候观测系统的需求（GCOS），建立海上大气－海洋多要素高精度的监测系统。

第五节　对今后研究的主要建议和措施

随着技术的进步，我国在大气探测技术领域取得了显著进展，并有效地推进了大气科学各个学科的发展。但是相比于国际水平，我国大气探测技术还有较大差距，为保证我国大气探测先进技术的发展，并适时应用于大气科学研究，对今后我国大气探测技术研究提出如下建议和措施。

（1）发展天基－空基－地基大气立体综合探测系统，注重相应的定量反演技术和卫星的地面遥感验证。我国大气探测技术除了充分利用国内外已有的成熟技术和产品对大气科学发展提供支持外，更应注重新的大气探测高技术的研究和开发及大气探测系统的网络化与集成，建立以原理探索、设计开发和技术集成为基础的综合高技术研究体系；并且，应通过组织开展大型综合观测实验，建立包括卫星、飞机、气球和地面多平台、多探测技术的全球大气和环境立体监测网络，获取与气候和环境研究密切相关的长期连续高质量数据，从而为新观测事实的揭示及合适参数化方案的建立奠定基础，并拓展大气遥感和探测新技术在气候变化和环境监测中的应用。

（2）加强观测和数值模式的结合。我国大气探测技术既要重视大气探测和观测资料在数值模式中的应用，也要重视数值模式对探测技术和观测实验的指导作用，并要不断提高观测资料的质量，重视资料的同化技术研究，在模式中引进卫星、雷达、雷电等非常规观测资料，从而改善模式预报效果。

（3）建立各种观测资料共享机制。我国大气科学研究要充分利用大气探测资料（地基、空基和天基的多仪器探测数据），让这些资料发挥最大的效能，同时也要加强观测信息系统的集成与应用，为此，建议要有专门机构来管理（包括处理等）这些资料，为科学研究和业务工作者提供便捷的方式来获取资料。

（4）发展科学小卫星。卫星遥感技术因其具有视点高、视域广、数据获取快和可重复覆盖、连续观测的特点，而备受关注，除气象卫星外，我国大气科学研究要重视针对科学目标的系列科学小卫星的发展。

（5）要鼓励和扶持云的探测。云是天气系统活动的产物，目前国内外尚无一个数值模式能很好地模拟云的生消过程，而云是影响天气气候最关键，也是最不确定的因子，还涉及降水和水循环过程，只有基于探测实验数据揭示云系结构的时空分布规律，才能在模式中对云过程进行良好的模拟，因此，我国大气科学研究要重视云探测的研究。

（6）在发展先进探测手段基础上，加强对强扰动天气现象的特殊观测实验。局地中小尺度强对流天气和雷电活动是一种灾害性天气过程，只有进行高时空分辨率探测才能了解其发生发展过程和机理。因此，我国大气探测研究必须鼓励和扶持开展原创性探测系统研制，在典型地区建立探测网络，并促进卫星、地基雷达和雷电观测设施的合理布局。

（7）加强大气探测技术队伍建设，改善学科发展不平衡问题。一方面要重视大气探测技术领域高层次人才的引进，另一方面也要重视通过大学、研究生教育培养大气探测技术人才，并在技术人才的考核机制、经费支持等方面给予重视。

参考文献

陈洪滨. 2009. 中高层大气研究的空间探测. 地球科学进展，24：229-241.

黄荣辉. 2006. 21世纪大气科学的发展成就和21世纪初大气科学的前沿科学问题//国家自然科学基金委员会地球科学部. 21世纪初大气科学前沿与展望. 北京：气象出版社.

霍娟，吕达仁. 2010. 利用全天空可见光图像反演天空辐亮度. 气象学报，68：800-807.

刘黎平，曹俊武，莫月琴，等. 2006. 雷达遥感新技术及其在灾害性天气探测中的应用. 热带气象学报，22:1-9.

吕达仁，陈洪滨. 2003.平流层和中层大气研究的进展. 大气科学，27:750-769.

郄秀书，吕达仁，陈洪滨，等. 2008. 大气探测高技术及应用研究进展. 大气科学，32：867-881.

郄秀书，孙竹玲，刘冬霞. 2014. 闪电气象学研究进展.气象学报. 72 (5)：1054-1068.

杨军，许健民，董超华，2011. 风云气象卫星40年：国际背景下的发展足迹. 气象科技进展，6：1-9.

章文星，吕达仁，宣越健，等. 2010.利用扫描式红外亮温仪对天空云量的试验观测. 气象学报，68：808-821.

结 束 语

在中国科学院地学部学科发展项目及之后成为国家自然科学基金委员会-中国科学院学科发展战略研究合作项目的“大气科学与全球气候变化重大科学问题”的资助下，经过四年多的调研、研讨和总结，项目系统地回顾了近百年大气科学和近几十年来全球气候变化研究的发展历程，以及中国气象学家对国际大气科学和全球气候变化研究发展的贡献，分析了当前国际大气科学和全球气候变化研究的发展特点、动向和趋势。特别是项目深入分析了今后5～10年我国经济和社会发展对大气科学和全球气候变化研究的重大需求，大家一致认为今后5～10年是我国大气科学研究发展的战略机遇期，并提出了大气科学和全球气候变化研究的八个重大科学问题。这八个重大科学问题是：灾害性天气和气候发生机理及其预测，大气环境灾害的发生机理与预报理论，东亚气候对全球气候变化的影响、响应、机理和应对，地球/气候系统数值模型的发展，平流层过程与日地关系，青藏高原地-气耦合过程及其气候效应，西太平洋暖池海-气相互作用及其天气气候效应，以及大气探测的新原理和前沿技术。并且，项目还提出了应采取的一些建议。为实现我国大气科学与全球气候变化研究的中国梦——从大气科学研究大国发展成为大气科学研究强国，我们今后5～10年应加强对上述八个重大科学问题的研究，为我国大气科学研究大国发展成为大气科学研究强国奠定基础。为了加强我国大气科学与全球气候变化重大科学问题的研究，我们应重视以下三项重大措施的落实。

（1）现今的地球系统科学的研究离不开两大基础试验手段：一个是观测试验手段；另一个就是数值模拟试验手段。过去对地球系统规律的理解和认识更多的是依赖于观测（考察）试验。随着各类观测试验的丰富、认识的提高和其他科学技术的发展（计算机和通信），数值试验手段在地球系统科学研究中变得越来越重要。它不但可以大大提高对地球系统演变规律的深入认识，而且还使得对未来气候演变的科学预测和预估成为可能。它的重要性已被大气科学、海洋科学和环境科学所认证，并正在被生态科学、固体地球科学、空间科学等所重视。正因为如此重要，当前地球系统数值模拟技术的先进性不仅体现了一个国家在地球系统科学研究与应用的综合能力，而且也是衡量一个国家地球科学综合研究水平的重要指标，它体现了解决对国家地球科学的重大需求、预测未来气候变化的核心竞争力。因此，地球系统数值模拟装置是我国发展大气科学和全球气候变化研究不可缺少的科学支撑。

由于地球系统数值模拟装置对研究地球系统是不可或缺的重要科学支撑，国际上一些先进国家都在争先恐后地发展这一装置及其相应的研究计划，应该尽快在我国建立地球系统数值模拟装置。

（2）观测资料是大气科学和全球气候变化研究发展的基石，纵观大气科学的发展史，无疑都是各种观测资料的积累达到一定程度才使得理论前进一步并带动了学科的发展，因此，观测资料对于大气科学和全球气候变化研究的发展起到了决定意义。近代随着欧洲气象观测仪器等的发明，获取精确描述天气和气候变化等资料成为可能，世界上大部分有悠久历史的城市及其周围都建立了自己的观测网，这些资料为后人对大气环流和气候变化等理解的深入奠定了坚实的基础。探空技术的发展，以及地面和高空天气图的绘制和现代动力气象理论的提出等，奠定了现代天气预报的基础；雷达技术的发展，使得临近天气预报变得更加准确；现代计算机的发展使得原来经验性的天气学等向着更为精确的数值化发展，它通过动力学理论和数据资料完美的结合，使数值化的天气预报变成了现实；并且，随着全球常规资料网的建立，特别是探空网的建立，以及气象卫星遥感大气体系的发展，使人们能够更加精确、更加立体地掌握大气中天气和气候变化。

20世纪80年代以后，卫星观测技术的引入，对于大量无法建站观测的高山、海洋等区域也能够获得了三维立体的观测资料，使得天气预报的准确性大大提高。并且，大型计算机以及超级计算机的发展，使得7~10天的天气预报成为可能，并随着雷达，卫星以及多种资料的引入和数据处理技术的大发展以及四维同化技术的发展，使得一周左右的天气预报变得更加准确。此外，随着气象学家对天气气候动力学的深入理解及大气、海洋各种观测资料的积累，特别是ENSO动力学的发展，以及海-气耦合模式的建立，使得短期气候预报成为可能。这些事实都表明了观测数据资料在大气科学和全球气候变化研究中具有不言而喻的重要性，大气科学和全球气候变化研究的发展与各种观测资料的积累密不可分。因此，为了更好地推动大气科学和全球气候变化研究的发展，就必须持续重视观测资料的整编和同化问题，特别是针对我国的国家需求进行有特色的观测试验以及天气气候观测资料的收集、整编等工作。为此，观测基地的建设、观测技术的研发、观测资料的整编和共享就成为了目前发展大气科学和全球气候变化研究中必须特别重视的一个问题。

（3）人才是强国的根本。要使我国大气科学和全球气候变化研究从大国向强国发展，就要求我国大气科学和全球气候变化的研究人才从大国向强国发展。当前为减轻天气和气候灾害造成的损失及应对全球气候变化，国家和一些部门已出台了很多科技研究计划，并在许多院校兴办了全球气候变化研究院。这不仅对大气科学的高层次人才培养提出更多需求，而且也为我国成为大气科学和全球气候变化研究人才强国提供机遇。但是，我们应看到，当前我国大气科学教育无论学科建设或人才培养还有许多不能适应国家社会和经济发展的需求及国际大气科学研究的发展，如在有关大气科学院校的分支学科布局并不是很合理、专业设置缺少特色、探测技术和观测方法的研发人才严重缺乏、高层次人才不足，博士学位论文的前沿性、创新性还不够等。因此，要为我国成为国际大气科学和全球气候变化研究强国做准备，我国大气科学相关部门就必须各方努力，下大力气把我国大气科学学科建设和高层次人才的培养放在首要地位，使我国尽早能成为国际大气科学高层次人才培养的强国。

让我们为实现从大气科学研究大国走向大气科学研究强国的中国梦而努力奋斗。